재미있는
수학여행 1

재미있는 수학여행 1 - 수의 세계

1판 1쇄 발행 1990. 6. 15.
1판 75쇄 발행 2006. 1. 28.
개정1판 1쇄 발행 2007. 1. 25.
개정1판 28쇄 발행 2020. 5. 11.
개정신판 1쇄 인쇄 2021. 11. 30.
개정신판 1쇄 발행 2021. 12. 7.

지은이 김용운, 김용국

발행인 고세규
편집 강영특 디자인 조명이 마케팅 박인지 홍보 홍지성
발행처 김영사
등록 1979년 5월 17일 (제406 - 2003 - 036호)
주소 경기도 파주시 문발로 197(문발동) 우편번호 10881
전화 마케팅부 031)955 - 3100, 편집부 031)955 - 3200 | 팩스 031)955 - 3111

값은 뒤표지에 있습니다.
ISBN 978 - 89 - 349 - 4413 - 3 04410
        978 - 89 - 349 - 4417 - 1 (세트)

홈페이지 www.gimmyoung.com   블로그 blog.naver.com/gybook
인스타그램 instagram.com/gimmyoung   이메일 bestbook@gimmyoung.com

좋은 독자가 좋은 책을 만듭니다.
김영사는 독자 여러분의 의견에 항상 귀 기울이고 있습니다.

김용운
×
김용국

재미있는
수학여행
수의 세계

1

김영사

새로운 수학여행을 시작하며

우리나라 학생은 점수만으로는 세계 수학 경시대회에서 좋은 성적을 낸다. 그러나 세계의 수학 교육가들은 우리나라 학생이 점수로 계산할 수 없는 학습동기 또는 호기심에 관해서는 하위에 속한다는 사실에 주목하며 창의력 문제를 걱정한다.

각 나라 국민의 창의력을 나타내는 지표로는 흔히 노벨과학상 수상자 수가 참고된다. 그런데 세계 최고의 교육열을 자랑하는 우리나라 사람 중 과학상 수상자는 하나도 없다. 참고로 유대인의 수상자 수는 의학·생리·물리·화학 분야에서 119명, 경제학상만도 20명이 넘는다. 이 현상은 창의력에 관련이 깊은 수학 교육과 연관이 있다.

유대인의 속담에 자녀에게 고기를 주지 말고 고기를 잡는 그물을 주라는 말이 있다. 참된 수학은 창의력을 위한 고기가 아닌 그물의 역할을 한다. 나는 이 책이 여러분을 참된 수학의 길로 인도하기를 바란다.

그간 많은 학생으로부터 "선생님 책 덕에 수학에 눈이 열리게 되었습니다"라는 말을 들어왔다. 필자에게 그 이상 보람을 느끼게 하는 일은 없으며 동시에 더욱 책임감을 느낀다.

이 책은 1990년, 지금으로부터 16년 전에 쓰였으나 그 기본 방향에는 변함이 없다. 그러나 그간 수학 특히 컴퓨터를 이용하는 정수론 분야에서 새로운 지식이 등장했으며, 오랫동안 풀리지 않았던 어려운 문제들의 일부가 해결되었다. 이들 내용을 보완하면서 더욱 친근하게 접근할 수 있도록 수정했다. 이 책을 읽는 독자 중에서 큰 고기를 낚는 사람이 나오기를 기대하고 있다.

2007년
김용운

산을 높이 오를수록 산소가 희박해지고 고산병에 걸리기 쉽다. 이처럼 지나치게 다듬어진 수학은 겉보기에 구체적인 현실성이 없어지고 추상성만으로 가득하게 된다.

현대 수학을 처음 접하게 되면 대부분의 사람들이 고산병과 같은, 수학에 있어서의 추상병(抽象病)에 걸리고 만다. 이는 정신적으로 건전한 사람이라면 당연히 걸리는 병이라고 할 수 있다.

그러나 아무리 높은 산일지라도 산에는 숲이 우거지고 짐승들이 뛰놀고 있다. 차갑고 메마른 공기와 빙설에 덮인 암벽일지라도, 그 암벽 아래쪽에는 풍요로운 자연이 숨쉬고 있는 것이다.

학교에서 가르치는 수학은 마치 산봉우리 부분만을 확대하여 그 구조만을 조사하는 것과 같다. 봉우리만을 보는 대부분의 학생들은 얼음 덮인 암벽을 만나면 산 오르기에 지쳐 중도에 하산해 버리고 만다. 절벽과 함께 있는 계곡의 맑은 물 같은 생생한 인간의 직관은 보지 못하고 말이다.

산의 전체를 모르는 학생들에게는 당연한 결과이지만, 수학이라는 '산'에 도전하여 좌절하는 모습을 수없이 보아온 저자로서는 안타까움을 금할 수 없다.

이 책을 집필하게 된 가장 큰 동기는 수학의 전체 모습을 보여주기 위해서이다. 수학의 본질을 모르면서 공식이나 줄줄 잘 외워 입시에 성공한들, 수학을 키우고 수학에 의해 성장해 온 문화의 깊은 인간적 의미는 잘 알 수가 없다. 이 책의 가장 큰 목적은 수학의 본성을 이해하는 데 도움을 주고자 함이다.

그리고 이 책은 정상에서 각 계단의 의미와 그 지평을 관망하는 입장에서 씌어졌다. 강의실에서 서술하지 못한 중요한 내용을 들추어내고 살아 숨 쉬는 수학을 독자들에게 보여주기 위해서이다. 시들고 흥미 없는 강의를 할 수밖에 없었던 죄책감을 이 책을 통해 조금이나마 씻을 수 있었으면 한다.

무관심한 사람에게 밤하늘은 신비스럽기는 하지만 수많은 별들이 무질서하게 멋대로 흩어져 있는 것처럼 보인다. 하지만 별들은 저마다 자기 자리를 가지고 대우주의 조화를 이루고 있는 것이다. 이 대우주는 결코 다 파헤칠 수 없는 신비의 보고이기도 하다.

수학은 인공의 대우주이다. 자연의 대우주와 비교될 만큼 온갖 비밀이 그 속에는 간직되어 있다. 그 비밀 속에는 현실세계와 깊은 관련이 있는 넓은 응용과 깊은 지혜가 숨어 있다.

이 책은 수학 전공학도는 물론, 지적 호기심이 강한 사람이면 충분히 즐길 수 있을 것이다. 또한 정보화 사회를 살아가는 현대인이면 갖춰야 할 합리적인 사고를 기르는 데에도 큰 도움이 되리라 믿는다.

독자가 이 책을 통해 수학의 진면목을 이해하는 데에 진일보했다는 느낌만이라도 얻는다면 저자로서는 그 이상 바랄 것이 없겠다.

1990년
김용운 · 김용국

이 책을 읽기 전에

1 수란 무엇인가

수의 탄생과 성장 과정을 살피고, 이것이 인간의 위대한 지성의 산물임을 알아낸다. 문명의 발달과 더불어 인간은 끊임없이 시야를 넓혀 갔으며, 이에 따라 수의 세계도 확장되어 갔다. 수의 세계에서도 '필요는 발명의 어머니'라는 말이 성립하며, 수가 인간 생활의 절실한 필요에서 태어났음을 실감한다.

2 기수법

수라는 '구슬'은 기수법으로 꿰어진 후 비로소 '보배'가 된다. 수를 탄생시킨 인간은 마침내 세련된 기수법에 의해서 수의 세계를 활짝 펼쳐 놓는다.

3 정수론

수의 쓰임새는 엄청난 것이었다. 조화 있는 수의 구조는 아름다움을 느끼게 한다. 수에 대한 관심과 미에 대한 희구는 신비성과 함께 미신을 낳기도 했다.

4 배수와 약수의 성질

수 세계의 질서는 배수, 약수, 소수 등으로 이루어지며, 이들 사이의 관계에서 오묘한 질서를 반영할 수 있다. 겉보기에는 단순한 문제로 보일지라도 한 가지 해결을 위해 인간은 10,000년 동안이나 골머리를 앓아야만 했다.

5 페르마의 정리

악마라 할지라도 풀 수 있을지 의문이었던 미해결의 문제. 단 하나의 반례反
例조차 없으면서 증명할 수도 없다고 여겼던 이 문제가 300여 년 만에 드디
어 풀린 과정을 살펴본다.

6 정수의 비밀

수는 인간의 기본적인 지성 활동이다. 세계의 대수학자들의 골(뇌수)을 바싹
말라버리게 만든 문제는, 수의 세계가 얼마나 오묘한가를 단적으로 말해 준
다. 수에 얽힌 신비한 수수께끼 문제를 통해 수 세계의 본질에 접근한다.

7 음수의 참뜻 | 8 분수와 소수

자연수에서 맨처음으로 확장된 정수·분수의 성장 과정, 또 그것이 지니는 상
호관계를 살펴보며, 수가 편리를 위한 것일 뿐 아니라 그 속에 아름다운 질서
를 가지고 있음을 발견할 수 있다.

9 무리수의 탄생

자연수에서 무리수까지의 긴 여정은 인간 지성의 위대한 서사시이기도 했다.
무서움에 떨면서도 기어이 새로운 세계에 도전해야 하는 지성의 필연성을 살
핀다.

1
수란 무엇인가

수는 현실세계에 못지않은 생동하는 독자적인 세계를
이루고 있다고 생각할 수 있다. 그림자와 같은 기호에
지나지 않으면서도 동시에 독자적인 생명을 지닌 존
재, 환상과 현실의 세계를 넘나드는 마술사의 양면성
을 지닌 야누스적인 존재가 곧 수이다.

수 개념 탄생의 비밀
지금의 수사가 탄생하기까지

과거의 일을 알아보기 위해서는 역사책을 보는 것이 가장 빠른 방법이다. 하지만 인류의 역사는 백만 년쯤 되는 데 비해 책에 기록된 역사는 고작 수천 년에 불과하다. 기록되지 않은 역사는 현재 남아 있는 다양한 흔적들을 통해 유추할 뿐이다. 인간이 수천 년 전에 어떻게 계산을 했는지도 지금 남아 있는 흔적들을 통해서 알 수 있다. 그 흔적 중의 하나가 평소 우리가 사용하고 있는 말이다.

'탤리(tally)'는 '셈'을 뜻하는 영어 단어 중 하나이다. 고대어에서 유래한 이 단어는 새긴 눈금, 또는 막대라는 뜻을 담고 있다.

남미에서 발견된 탤리의 사진

즉, 새긴 눈금과 막대를 '셈'과 연관시켜서 생각할 수 있는데, 아득한 옛날 사람들은 자기가 가지고 있는 재산을 셈하기 위해 나무토막에 눈금을 하나씩 새겨두었음을 알 수 있다.

즉, 원시사회에서 가장 중요한 재산 목록인 양이나 소와 같은 가축 한 마리에 눈금 하나씩을 1대 1로 대응시켜서 셈을 하는 방법이다. 이렇게 눈금을 새긴 막대가 바로 지금의 가계부 역할을 한 셈이다.

막대보다 편리한 계산 기구로는 작은 돌멩이가 있다. 눈금은 일단 새기면 고치기 어렵지만 돌멩이는 주머니에 넣어 가지고 다니면서 언제든지 하나씩 넣었다 뺐다 할 수 있기 때문이다.

후일에 인류는 돌멩이와 가축 사이의 대응에 관한 방법을 더욱 발전시켜, 돌 대신에 귀한 보석이나 금속으로 동등한 가치에 따라 사물을 교환할 수 있음을 깨닫게 되었다.

1 대 1 대응

돌멩이   ⟷   소
돌멩이의 수   =   소의 수

이렇게 돌멩이와 소를 1 대 1의 관계로 생각하는 단계에서 돌멩이의 수와 소의 수가 같다는 생각으로 발전하였고, 보석과 소의 가치를 따져서 교환할 수 있게 되었으며, 마침내 화폐가 발명되었다.

실제로 '계산'과 '돈'을 같은 의미로 사용하는 영어 단어가 있는데, 바로 캘큘러스(calculus)이다.

"인간은 만물의 영장"이라는 말은 인간에게 생각할 능력이 있기 때문에 얻은 명예로운 호칭이지만, 단순한 생각 정도는 동물이라도 할 수 있다. 동물들도 사람을 알아본다든지 길을 찾아가고 먹이의 대소를 가려내는 것쯤은 안다. 그러나 여러 두뇌 활동 가운데서도 유독 인간의 사고는 추상(불필요한 것은 버리고 필요한 부분만을 뽑아내는 것)하는 능력을 지니고 있기 때문에 인간은 '영장', 즉 영특한 동물 중에서도 으뜸의 위치를 차지하게 되었다. 여러 개의 물건 또는 여러 가지 사실 사이의 공통되는 성질을 알아내고 마치 그러한 성질을 물건 다루듯이 하는 이 능력이 인간의 힘의 원천이다. 그 예로 '둘'이라는 수는 짝을 이룬 모든 집합의 공통적인 성질을 추상한 것이다.

알고 보면 수를 추상하는 능력은 우리가 보통 생각하고 있는 것과는 달리, 인간만이 지닌 엄청난 능력이다. 그것도 힘겹게 얻은 능력

이다. 유명한 수학자이자 철학자인 버트런드 러셀(B. Russell)의 다음 말은 두고두고 되새겨 볼 만하다.

"인류가 닭 두 마리의 2와 이틀의 2를 같은 것으로 이해하기까지에는 수천 년이라는 시간이 걸렸다."

바꿔 말하면, 자기가 가지고 있는 4개의 알 중에서 하나만 없어져도 금방 알아차

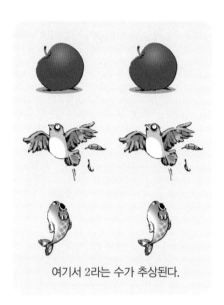

여기서 2라는 수가 추상된다.

리는 영리한 새일지라도 밤하늘에 반짝이는 별 넷과 자기가 품고 있는 알 넷이 같은 수임을 알 턱이 없다는 것이다.

이렇게 생각하면, 엄마에게서 또는 유치원에서 손쉽게 익히는 '하나, 둘, 셋, …' 속에는 우리의 먼 조상 때부터 꾸준히 쌓이고 쌓인 아주 귀한 지혜가 간직되어 있다.

수사 없이 셈하기
유치하지만 효과적인 손가락 셈법

수사가 존재하지 않았던 옛날에 한 목동이 염소를 키우고 있었다. 이 목동은 풀을 뜯으러 갔던 염소들이 모두 돌아왔는지 어떻게 알 수 있었을까? 먼저 우리에서 염소가 한 마리씩 나올 때마다 작은 돌멩이 하나씩을 대응시켜서 주머니 속에 넣어둔다. 그럼 염소의 수와 주머니에 든 돌멩이의 수가 같게 된다.

그리고 저녁 때 염소가 우리 안으로 한 마리씩 다시 들어갈 때마다 돌멩이를 주머니에서 하나씩 꺼낸다. 만일 주머니에 돌멩이가 하나라도 남는다면, 돌아오지 않은 염소가 남은 돌멩이 수만큼 있는 것이다. 반대로 모자라면, 남의 집 염소가 끼어들어 왔거나 염소가 새끼를 낳아서 돌아왔음이 틀림없다. 이와 같이 돌멩이나 작은 나무토막만 있다면, 얼마든지 큰 무리의 동물들을 셈할 수 있다. 즉, 수사를 몰라도 셈할 수 있는 것이다.

그러나 주변에 적당한 돌멩이나 나무토막이 없을 때는 어떻게 했을까?

아마도 자신의 손가락이나 발가락을 가지고 셈했을 것이다. 손가락은 좌우 양손을 합치면 10이 된다. 우리가 현재 사용하는 수도 10을 단위로 하고 있다.

즉, 십(10), 백(100), …이라는 식으로 0이 하나씩 늘어갈 때마다 10배씩 커진다. 이 십진법의 수 세기는 먼 옛날 인간의 조상들이 손가락으로 수를 대신했을 때의 유물임을 암시해 준다.

손가락을 이용한 십진법의 수 셈하기에 비하면, '돌멩이 하나에 물건 하나'라는 식으로 셈하는 것은 아주 유치한 방법같이 생각될 것이다. 그러나 이것이 오히려 하나, 둘씩 셈하는 것보다 다음의 옛날이야기에서처럼 훨씬 효과적일 때가 있다.

옛날 이야기 한 토막

어느 나라였는지는 알 수 없지만 어떤 임금님에게 어여쁜 공주가 있었다. 임금은 딸을 세상에서 가장 지혜로운 청년과 결혼시키려고 다음과 같은 벽보를 붙였다.

"넓은 궁 안에 있는 나무들을 크기별로 그 수를 정확히 셀 수 있는 청년과 내 딸을 결혼시키겠다. 단, 나무에 표시를 한다거나 상처를 입혀서는 안 된다."

이 벽보를 보고 나라 안의 똑똑하다는 청년들이 모두 나섰다. 어떤 청년은 한 그루씩 세어 나가다가 수를 혼동하기도 했고, 또 어떤 청년은 빨리 세느라 이리 뛰고 저리 뛰는 사이에 허기져 쓰러져 버리기도 하였다.

그러던 어느 날 한 청년이 길이가 각각 한 아름, 두 아름, 세 아름이 되는 새끼줄을 여러 다발 가지고 나타나서는, 나무 크기에 맞추어 새끼줄을 묶어 나갔다. 그리고 나서 남은 새끼줄의 개수를 각각 셈하여, 정확히 나무의 크기를 분류하고 그 개수까지도 알아맞혔다. 당연히 이 영특한 청년이 임금의 사위가 되었다.

이 이야기에는 몇 가지 교훈적인 내용이 담겨져 있다. 첫째, 지혜 있는 사람은 무턱대고 덤비지 않는다는 것, 둘째, 보다 간단한 방법으로 조리 있고 조직적으로 생각하고 행동할 필요가 있다는 것 등이다.

아무리 어려운 수학의 이론도 처음에는 아주 간단한 것에서부터 출발한다. 마치 위 이야기의 주인공처럼 일대일 대응(짝짓기)이라는 간단한 사실을 기초로 정확한 결과를 얻어내는 것이다. 미개인이 돌멩이로 가축의 수를 셈한다든지 손가락이나 발가락으로 수를 나타내는 것 모두가 간단하면서도 유치하다. 그러나 그런 방법이 고도로 발달하여 오늘날 컴퓨터의 이론에까지 발전하게 되었다.

동물들의 수학 점수
계산할 수 있는 동물이 정말 있을까?

단치히(Tobias Dantzig)의 유명한 책 《수: 과학의 언어(Number: Language of Science)》 속에 다음과 같은 이야기가 소개되어 있다.

어떤 시골 귀족이 자신의 소유지에 마련한 감시탑에 둥지를 튼 까마귀 한 마리를 쏘아 없애려고 하였다. 그런데 이 영리한 새는 사람이 탑에 접근하면, 둥지를 빠져나가서 멀리 있는 나무에서 지켜보고 있다가, 사람이 탑에서 떠난 다음에야 제 집으로 돌아오곤 했다.

그래서 이 귀족은 한 가지 꾀를 짜냈다. 두 사람을 동시에 탑에 들어가게 하고, 그중 한 사람은 남겨두고 나머지 한 사람만 나오게 한 것이다.

그러나 까마귀는 이런 잔재주를 비웃는 듯, 탑에 남은 한 사람이 나올 때까지 결코 둥지로 돌아오지 않았다. 그래서 한 사람을 더 늘려서 세 사람이 탑에 들어갔다가 두 사람이 나오도록 하였다. 그러나 이번에도 실패였다. 네 사람으로 늘려도 까마귀는 속지 않았다.

마지막으로 다섯 사람이 들어갔다가 그중 네 사람만 나왔더니, 까마귀는 사람들의 수를 헤아릴 수 없게 되어 둥지로 돌아오다가 총에

맞아 죽었다.

그렇다고 해서, 까마귀가 넷까지는 셈할 줄 안다고 성급히 결론을 내려서는 안 된다. 동물은 자신과 직접 관련이 있는 것들의 수를 어느 정도 직관적으로 알아보는 '수의 느낌' 같은 것이 있는 게 사실이지만, 그렇다고 이것을 가지고 사람과 같은 수의 개념을 지녔다고 보아서는 안 된다. 앞에서도 이야기한 바와 같이, 이 새가 세 사람과 네 사람을 구별할 줄 안다는 것은 이를테면 자신의 동료 네 마리와 사람 네 명이 같은 수임을 알고 있다는 뜻이 아니기 때문이다.

서커스에서는 흔히 덧셈, 곱셈을 잘하는 말이나 개가 등장한다. 이러한 천재 동물들의 속사정은 모두 다음 이야기의 내용과 대동소이하다.

옛날, 계산 잘하기로 소문난 말이 있었다. 주인이 이 말에게 답이

1인 계산 문제를 보이면 발굽으로 마루를 한 번 치게 하고, 답이 2인 문제를 보이면 두 번 치도록 훈련시켜서, 마침내는 계산에 숙달하도록 만들었다고 한다.

그러나 실제로 말은 주인의 표정이라든지 태도를 보고 답을 맞히고 있었던 것에 불과하다. 가령 답이 3인 문제를 보일 때, 말은 발굽으로 마루를 때리기 시작하지만, 세 번 말굽을 구를 때 그 수를 셈하면서 듣고 있는 주인의 미묘한 표정 변화를 알아차리고 동작을 멈추는 것이다.

요컨대 주인은 말에게 계산 능력을 길러준 것이 아니라, 주인의 표정이나 태도에 나타나는 미묘한 변화에 재빨리 반응할 수 있도록 훈련시킨 것이었다.

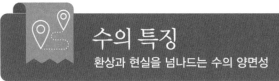

모르는 것도 아는 척, 아는 것도 모르는 척하는 '예의 바른' 어른과 달리, 아이들은 자주 당돌한 질문으로 어른들을 당황시킨다. 그 하나가 "수가 뭐예요?"이다.

물론 어른들은 이 질문을 약삭빠르게 받아넘길 줄 안다. "일, 이, 삼, …" 하면서 어린이의 손가락을 하나씩 꼽아 보이거나, 접시에 담긴 과일을 가리키며 셈하는 동작으로 물음의 핵심을 얼버무리는 따위로 말이다. 아이들이 더 이상 따져 묻지 않는다고 해서, 이런 설명에 만족했다는 뜻은 아니다. 다만, 궁금한 대목을 어떻게 표현해야 할지 모를 뿐이다. 하기야 답을 말한 어른들조차도 수에 대해서 아는 것이 없으니 동문서답이 될 수밖에 없다.

수학자를 제외한 대부분의 사람들은 아직도 수에 대해서 터무니없는 오해를 버리지 못하고 있다. 어떤 종류의 수, 특히 양의 정수 1, 2, 3, …—이런 수를 '자연수'라고 부른다—은 실제로 존재하지만, 음수는 상상의 수에 지나지 않는다는 오해가 그 하나이다. 0은 아무것도 없는 상태이기 때문에, 아무것도 없는 것보다 더 작다는 것은 불합리하다는 게 그 중요한 이유인 것 같다.

그러나 양수, 음수의 구별은 말하자면 좌·우의 구별과 같은 것이어서, 이 두 수는 수로서 같은 처지에 있으며, 따라서 같은 자격을 지닌다.

인류가 2천 년 이상이나 수의 성질을 연구한 끝에 겨우 도달한 결론은 이런 것이다. 즉, 수의 세계는 독특한 규칙에 따라서 펼쳐지는 것으로, 자연수의 입장에서 본 0은 단순히 '없다'라는 의미이지만, 정수에서의 0은 양수와 음수의 경계점이 되는 중요한 기준 역할을 하고 있다.

수의 세계는 '그림자'와 같은 기호의 세계이며, 실험이나 관찰의 대상이 되는 물리적 현실과 혼동해서는 안 된다. 그러니까 이러한 특수한 규칙을 연구하는 수학이라는 학문은 그 연구 성과가 현실의 물질세계에 적용되는지 어떤지에 대해서는 아랑곳하지 않고, 오직 '그림자의 세계'에서의 문제들만을 다룬다.

이러한 수(또는 수학)의 성질을 염두에 두고 생각하면, 수의 중요한 특징으로 다음 두 가지가 꼽힌다는 것을 쉽게 이해할 수가 있다.

그 하나는, 수는 결코 사물의 일부도 사물의 어떤 특별한 성질도 아니라는 점이다. 즉, 수는 사물의 물리적인 성질과는 아무런 상관이 없다. 그러면서도 사물과 관련된 아주 편리한 기호인 것이다. 예를 들어 슈퍼마켓에서 구입하는 물건마다 붙어 있는 숫자(가격표)는 누가 무엇을 사든, 계산기를 두드리기만 하면 되는 편리한 기호이다. 이처럼 수는 한낱 기호에 지나지 않지만, 쓰임새가 아주 많은 기호이다.

　그 두 번째 특징은, 이 기호(수)를 써서 가·감·승·제의 조작, 즉 연산을 할 수 있다는 점이다. 이것은 너무도 당연하게 여겨지고 있지만, 여기서 주의할 것은 연산은 수 사이에서만 이루어지는 것이지 물건끼리를 더하거나 빼거나 하는 것은 결코 아니라는 사실이다. 물건 값을 셈하는 가게 주인은 과일이나 생선, 과자 등을 더하거나 빼거나 하는 것이 아니라, 이것들을 수로 나타낸 값, 즉 수를 셈하고 있는 것이다.

　수는 보지도 만지지도 못하는 '환상의 세계'에 존재하는 한낱 기호에 지나지 않지만, 연산이라는 바탕 위에서 서로 굳게 뭉쳐 있다. 즉, 수는 현실세계에 못지않은 생동하는 독자적인 세계를 이루고 있다고 생각할 수 있다. 그림자와 같은 기호에 지나지 않으면서도 동시에 독자적인 생명을 지닌 존재, 환상과 현실의 세계를 넘나드는 마술사의 양면성을 지닌 야누스적인 존재가 곧 수이다.

　엄격히 따져 수의 세계는 인간의 사고의 산물인 관념의 세계이지만, 수가 이만큼 편리하다는 것은 기호라는 가공의 세계가 현실의 세계에 대해서 그만큼 영향력을 발휘할 수 있다는 이야기가 된다.

거듭 말하지만, 수는 우리의 눈이나 손으로 확인할 수 있는 대상은 아니다. 즉, 수는 우리가 경험하는 현실세계의 일부는 결코 아니다. 그러면서 현실과 깊은 연관을 맺고 있다.

실제로 아무 형상도 갖고 있지 않은 '수'는 숫자라는 매개체를 통해 그 신비성을 드러낸다.

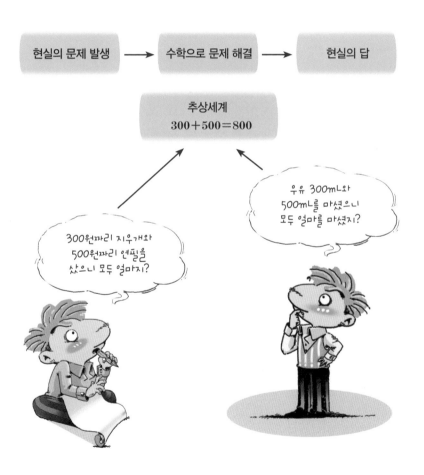

수에도 개성이 있다 (1)
숫자 1, 2, 3에 얽힌 미신

우리는 1월 1일이면 모든 것이 다시 시작되는 날이므로 기왕이면 좋은 꿈을 꾸길 원한다. 구태여 이런 심정을 미신이라고 나무랄 필요는 없다. 그러나 옛날 사람들은 숫자를 가지고 미래를 점칠 정도로 수의 '개성'을 지나치게 존중하였다. 이쯤 되면 미신이라고 할 수밖에. 이런 경향은 동서양 모두 공통적이다.

영어에도 "There is one above(위에 1이 있다)"라는 말이 있는데, 이것은 모든 것의 위에 신이 계신다는 뜻이다. 이와 같이 수에 특별한 의미를 두는 것이 도를 지나치면 미신이 되는데, 유독 '모든 것은 수'라고까지 믿었던 피타고라스는 수마다 여러 가지 의미를 부여했다.

1이 선, 빛, 질서, 행복을 상징한다면, 2는 그 반대인 악, 어둠, 무질서, 불행 등을 나타낸다고 믿었다. 그의 생각으로는 1이 신의 숫자였으므로 악마의 수는 그 다음의 수인 2라야 한다는 것이었다. 그래서 2월 2일은 지하세계의 신 하데스의 날이 되었다. 습관이란 무서운 것이어서 지금도 서양에서는 2월 2일을 매우 불길한 날로 여기고 있다. 2월 2일은 1월 1일의 정반대의 의미를 지녔다고 보는 탓이다.

한편, 3은 완전무결, 흠이 하나도 없는 수이다. 그 이유인즉 1+2=3, 즉 3은 1과 2를 통합하는 수이기 때문이라는 것이다. 정(正, 1)·반(反, 2)·합(合, 3)의 변증법 사상이라 할 수 있다. 자연계가 동물·식물·광물의 세 가지로 이루어져 있고, 또 인간이 마음·영혼·육체의 세 가지로 되어 있는 것도 이 탓이라고 한다. 신의 세계·인간의 세계·죽음의 세계로 된 삼계(三界), 삼위일체설(三位一體說), 또 한 달을 상순·중순·하순으로 나눈다든지, 성적이나 물건의 품질을 상·중·하로 나누는 것 등도 모두 이러한 발상이 밑에 깔려 있다.

피타고라스 시대의 사람들은 세계가 하늘의 제우스, 바다의 포세이돈, 지하세계의 하데스 등에 의해 각각 영역별로 지배되고 있다고 믿었다.

그런데 흥미 있는 것은 하늘을 지배하는 제우스는 머리에서 세 개의 광선을 발사하고 있고, 바다의 신 포세이돈은 날이 세 개인 창을 들고 있으며, 하데스는 세 개의 머리를 가진 개, 케르베로스를 이끌고 있다는 점이다. 우리나라에서도 옛날부터 삼각수(三角獸)라 하여 뿔이 세 개 붙은 짐승을 매우 신성하게 여겨 왔다. 또 셰익스피어의 4대 비극의 하나인《맥베스》에는 세 마녀가 노래하는 장면이 있다.

지하세계의 궁전에 앉아 있는 케르베로스

마녀 셋이 손에 손을 잡고
바다 건너 산 건너 어디까지나
마음대로 건너다니는데,
한 사람이 세 번, 내가 세 번
네가 세 번, 모두 아홉 번이 되면
마녀의 마법이 걸린다.

신성한 3이 세 번씩이나 나오니 틀림없이 마법이 걸리고야 만다
는 이야기이다.

피타고라스 또는 그의 학파는 항상 수를 도형과 연관시켜 생각하는 버릇(?)이 있었다. 1은 위치를 나타내는 점이고, 점은 위치를 갖는 1이다. 직선은 두 점으로 만들어지고, 평면은 세 점으로 만들어진다. 그리고 네 점은 가장 기본적이고 단순한 입체인 사면체를 만든다는 등으로 생각했다. 중요한 것은 도형이 점·선·면·입체의 넷으로 구성된다고 주장한 점이다.

우리나라에서는 4의 발음이 죽음을 뜻하는 사(死)와 통한다는 이유에서 4를 지금도 무척 꺼린다. 목욕탕의 옷장 번호, 호텔의 객실

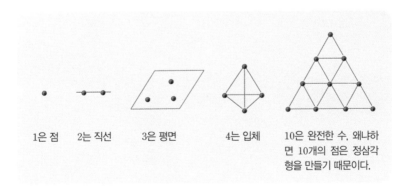

1은 점   2는 직선   3은 평면   4는 입체   10은 완전한 수, 왜냐하면 10개의 점은 정삼각형을 만들기 때문이다.

번호도 그렇고, 심지어 4층이 없는 빌딩도 많다. 그러나 고대 그리스에서는 오히려 이 4를 성스러운 수로 여겼다. 1, 2, 3, 4의 4개의 수로부터 10이라는 완전한 수(완전수와는 뜻이 다름)가 만들어진다는 피타고라스의 주장 때문인 것 같다.

같은 수를 놓고 한쪽은 불길하게 여기고, 다른 한쪽은 운이 좋다고 기뻐하다니. 그러나 그리스인의 경우는 단순한 발음상의 문제가 아니었다. 1+2+3+4=10이라는 수의 성질이 곁들어 있다는 해석이 더 그럴듯하게 보인다.

실제로 수의 성질과도 관련지어 생각한 피타고라스식의 수의 미신으로부터 정수론(整數論)이라고 하는 수학이 탄생하였다. 그러니까 우리가 4를 꺼리는 것은 단순한 미신에 지나지 않지만, 이에 비한다

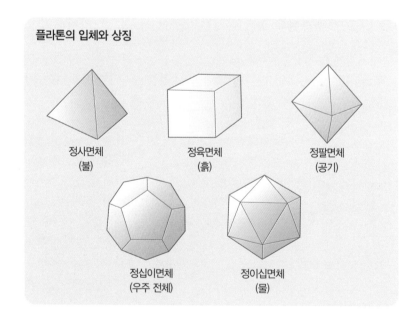

플라톤의 입체와 상징

정사면체
(불)

정육면체
(흙)

정팔면체
(공기)

정십이면체
(우주 전체)

정이십면체
(물)

면 피타고라스의 수학적인 미신은 생산적이었다고나 할까.

피타고라스학파의 사람들은 정다면체의 종류가 정사면체, 정육면체, 정팔면체, 정십이면체, 정이십면체의 5개뿐이라는 것을 알고 있었다. 그런데 손가락도 5개, 당시 알려진 행성도 화성, 수성, 목성, 금성, 토성의 5개뿐(맨눈으로 볼 수 있는 행성)이므로 이것들과 5개의 정다면체 사이에는 어떤 신비스러운 관계가 있다고 믿었다. 후세 사람들은 5종류의 정다면체에 여러 가지로 신비한 의미를 부여했는데, 그중에서 플라톤의 정다면체가 가장 잘 알려져 있다.

철학자 플라톤은 4개의 다면체가 우주의 4원소인 '흙·물·공기·불'을 상징한다고 생각했다. 즉, 불은 정사면체, 흙은 정육면체, 공기는 정팔면체, 물은 정이십면체에 의해서 각각 상징된다고 말이다. 그리고 이 4원소를 전부 그 속에 간직하고 있는 정십이면체가 우주 전체를 상징한다고 생각했다.

궁하면 통한다
뉴기니 원주민의 수사

아프리카나 동남아시아 등 아직 문명화되지 않은 지역에서는 몸
짓으로 수를 표현하는 경우가 있다고 한다. 그렇다고 그들이 사용하
는 말 가운데 수사가 없는 것은 아니다. 하지만 대부분은 1, 2 정도
뿐이고, 많아도 3까지밖에 없다. 그 이상이 되면 모두 '많다'인 것이
다. 이 사실을 가지고 그들의 빈약한 계산 능력을 비웃을 수는 없다.

그들이 수사를 이것밖에 가지고 있지 않다는 것은 바로 그들의
일상생활에서는 그 이상의 수에 대한 필요를 느끼지 않는다는 사실
을 말하는 것뿐이니까. 이것은 고대 문명의 꽃을 피운 이집트인이
백만 이상의 수를 모두 '많다'로 표시한 것과 같은 이치이다. 하기야
지금의 우리들도 '천문학적 숫자'라는 말로 얼버무리는 수가 있지
않은가!

그들 중에는 이 적은 수사를 잘 활용해서 많은 수를 셈하는 사람
들도 있다. 오스트레일리아와 뉴기니 사이 지방의 원주민의 수사는,
1을 의미하는 '우라펀(urapan)'과 2를 뜻하는 '오코사(okosa)' 두 가
지밖에 없다고 한다. 그리고 이 두 수사를 써서 더 큰 수들을 표현하

는데 그 방법은 다음과 같다.

3: 오코사·우라펀(2+1)

4: 오코사·오코사(2+2)

5: 오코사·오코사·우라펀(2+2+1)

6: 오코사·오코사·오코사(2+2+2)

사회가 복잡해지고 상품경제가 활발해지면, '우라펀'과 '오코사'를 한가롭게 되풀이하고만 있을 수도 없게 되어, 새로이 수사를 만들어 가게 되는 것이다.

우리나라의 탤리
고려시대의 산목(算木)

    타고 있던 배가 난파하여 무인도에 상륙하게 된 로빈슨 크루소의 이야기는 여러분도 잘 알고 있을 것이다. 무인도에서 지낸 날짜를 기억해 두기 위해서 껍질을 벗긴 나무에 칼로 하루에 한 개씩의 금을 그었다는 이야기 말이다.

    이런 식으로 나무토막에 금을 새겨서 수를 헤아린다는 것은 아주 옛날 옛적 원시사회에서만 있었던 일로 생각하기 쉽다. 그러나 전문 수학자들이 있었던 우리나라 고려시대에도 관청에서 이런 방법을 사용했다고 한다면 여러분은 어떻게 생각할지.

    송나라 사신으로 고려에 온 적이 있는 서긍(徐兢)이라는 사람이 쓴 《고려도경(高麗圖經, 1123년)》에는 다음과 같은 글이 실려 있다.

    고려의 풍습에는 계산막대(산목, 算木)에 의한 계산은 볼 수 없고, 관청에서 출납 회계를 할 때 회계관이 나무토막에 칼로 한 개씩 금을 긋는다. 일이 끝나면 그것을 버리고 보관하는 일이 없으니 기록하는 법이 너무도 허술하다.

이미 산사(算士, 주로 재정 회계의 업무에 종사하는 계산 능력을 갖춘 관리)의 제도가 갖추어진 고려 왕조였기 때문에, 이러한 원시적인 방법이 중앙 관청에서는 쓰이지 않았을 것이 틀림없고, 아마도 지방 관서에서나 볼 수 있는 풍경이었을 것이다. 설령 이런 일이 고려의 수도에 있는 관청에서 있었다고 해도 별로 창피하게 여길 것까지는 없다.

'탤리(tally, 각목)'는 중세 유럽사회에서 흔히 쓰였으며, 영국에서는 1812년까지도 재무부에서 사용되었다고 하니, 정말 알다가도 모를 일이다.

하기야 우리나라 농촌에서 이 탤리의 풍습이 사용되기도 했다. 동네마다 돌아다니며 물건을 팔던 방물장수들이 외상값을 농가의 기둥에 금을 그어 나타내고, 외상값을 받으면 지우곤 한 것이다. 이렇게 기둥에 금을 긋는 일이 바로 탤리의 일종이다. 지금도 외상을 '긋는다'는 말로 표현하기도 하는데, 이 사실은 '긋는' 일이 수를 표시하는 가장 손쉬운 방법이었음을 말해 준다. 또한 학교에서 임원 선거를 할 때 투표 수를 '正'자를 이용하여 나타내는데 이것도 탤리다. 아라비아 숫자를 쓸 때는 매번 지우고 다시 쓰는 번거로운 과정이 있지만, 이와 같이 탤리를 이용하면 계속 덧붙여 나가는 것이므로 오히려 편리하다.

세계 문명의 4대 발상지는 이집트의 나일강 유역, 메소포타미아의 티그리스강과 유프라테스강 유역, 인도의 인더스강 유역, 그리고 중국의 황하강 유역이다. 그중에서도 지금의 바그다드와 바스라 사이에 위치한 메소포타미아는 약 1만 년 전 세계 최초로 농업이 시작된 곳일 뿐만 아니라, 아마도 수학이 세계에서 가장 일찍, 그리고 가장

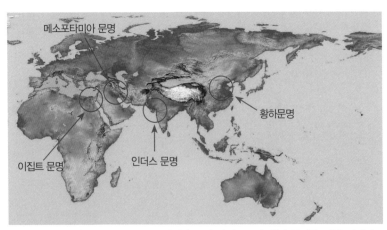

4대 문명 발상지 | 이집트 문명, 메소포타미아 문명, 인더스 문명, 황하 문명을 4대 문명이라고 한다.

잘 발달했던 곳일 것이다.

메소포타미아의 숫자

역사상 처음으로 나타난 숫자는 메소 포타미아의 숫자였다는 것은 너무도 잘 알려진 사실이다. 고대 메소포타미아에 서는 진흙으로 만든 판자 위에 쐐기 모양 의 문자를 새겨서 썼다. 그래서 이 문자 를 보통 '쐐기문자' 혹은 '설형문자'라고 부른다. 메소포타미아의 숫자는 이러한

고대 메소포타미아의 쐐기문자가 새겨진 진흙판

쐐기문자로 위의 사진과 같은 모양이었다. 이 메소포타미아의 숫자 가 미개인의 수 기록 방식과 다른 것은 아래와 같이 수의 크기를 한 눈에 알 수 있다는 점이다.

1	2	3	4	5	6	7	8

9	10	20	30	40	50	60	70

80	90	100	500	1000	10000

이집트의 숫자

이집트의 경우도 필요한 개수만큼 단위(1, 10, 100, … 등)를 나타내
는 숫자를 늘어놓는다는 점에서 메소포타미아와 비슷하다. 그러나
메소포타미아의 문자나 숫자가 진흙판에 새겨진 데 비해 이집트의
숫자는 파피루스라고 하는 갈대로 만든 종이에 씌어졌다.

I	II	III	IIII	III II	III III	IIII III	IIII IIII	III III III
1	2	3	4	5	6	7	8	9

∩	∩∩	∩∩∩	∩∩∩∩	∩∩∩ ∩∩
10	20	30	40	50

∩∩∩ ∩∩∩	∩∩∩∩ ∩∩∩	∩∩∩∩ ∩∩∩∩	∩∩∩ ∩∩∩ ∩∩∩
60	70	80	90

𝟃	𝟃𝟃	𝟃𝟃𝟃	𝟃𝟃𝟃𝟃	𝟃𝟃𝟃 𝟃𝟃
100	200	300	400	500

𝟃𝟃𝟃 𝟃𝟃𝟃	𝟃𝟃𝟃𝟃 𝟃𝟃𝟃	𝟃𝟃𝟃𝟃 𝟃𝟃𝟃𝟃	𝟃𝟃𝟃 𝟃𝟃𝟃 𝟃𝟃𝟃
600	700	800	900

십의 자리 숫자는 한 자리 수를 나타낸 막대를 구부려서 나타낸 것 같다. 또, 백의 자리의 숫자는 측량에 쓰이는 새끼줄 모양을 본뜬 것이었다. 당시의 측량용 새끼줄은 백 단위의 길이였기 때문에 이 새끼줄로 100을 나타낸 것이라고 한다.

 천(千)을 나타내는 연꽃 모양의 숫자이다. 나일강에는 연꽃이 많이 피어 있었기 때문에 이것으로 많은 수(천)를 나타낸 것이다.

 만(萬) 자리를 나타내는 숫자이다. 집게손가락의 모양이라는 말도 있으나 그보다는 나일 강변에 자라고 있는 갈대(파피루스)의 싹이라고 하는 편이 옳을 것 같다.

 십만을 나타내는 숫자인데 이 그림에 관해서는 여러 가지 설이 있다. 그중에서도 올챙이라고 하는 설이 그럴듯하다. 올챙이가 한곳에 많이 어울려 모여 있기 때문이다.

 백만을 나타내는 것인데 너무나 큰 수이기 때문에 사람이 놀라서 손을 번쩍 든 모양이라 한다.

 태양의 모습을 그린 이 숫자는 천만을 나타낸다. 이 그림은 신을 뜻한다고 하며 사람의 지혜로는 헤아릴 수가 없는 수, '무한대'를 뜻하기도 한다.

중국의 숫자

중국에서는 1부터 4까지는 그 수만큼 막대를 사용하여 가로쓰기로 나타내고, 5가 되면 새로운 기호를 썼다. 여기까지는 메소포타미아나 이집트, 그리고 고대 그리스나 로마의 경우와 같다.

一	二	三	亖	𝕏
1	2	3	4	5

그러나 그 이상이 되면 숫자의 모양이 크게 달라진다. 6, 7, 8, 9는 옛날에는 다음과 같은 숫자를 썼다.

𝅭	十	⅄	𝕾
6	7	8	9

세월이 지남에 따라 4, 6, 8은 다음과 같이 변했다. 7과 9는 본래대로 썼다.

⊞	𝕽	八
4	6	8

위의 그림을 보면 짝수는 발이 2개 있고 홀수는 발이 1개 있음을 알 수 있다. 본래 중국에서는 짝수와 홀수의 차이를 아주 강하게 느끼고 있었던 것 같다. 예를 들어, 중국의 전통적인 음양 철학의 입장

에서는 짝수는 '음', 홀수는 '양'을 나타낸다는 등 말이다. 10, 100, 1000은 옛날에는 다음과 같은 모양을 하고 있었다.

10	100	1000

10부터 40까지의 수는 다음과 같으며, 그중 20과 30을 나타내는 숫자는 근래까지도 사용되어 왔다.

10	20	30	40

각 나라의 고대 숫자

"무에서 유를 만들 수 없다"라고 흔히들 말한다. 그러나 수 1, 2, 3, …은 무에서부터 만들어진 것들이다.

먼저 무의 세계인 공집합(ϕ)을 '0'이라고 이름짓는다. 그러니까 창세기의 신처럼 아무것도 없는 데서부터 시작하자. ϕ는 아무것도 없는 상태이기 때문에 이것을 아무렇게나 불러도 상관이 없다.

두 번째 단계는 이 0(=ϕ)만으로 된 집합 $\{0\}$을 만드는 것이다. 그리고 이 집합을 '1'이라고 부르기로 한다.

세 번째 단계에서는 지금까지 만든 집합 0과 1만으로 된 집합 $\{0, 1\}$을 만든다. 이 집합을 '2'라고 이름짓기로 한다.

이 절차를 한없이 되풀이했을 때 생기는 집합에 이름을 붙여 가면 다음과 같이 된다.

$$\phi, \{0\}, \{0, 1\}, \{0, 1, 2\}, \cdots\cdots$$
$$0, \quad 1, \quad 2, \quad 3, \quad \cdots\cdots$$

이와 같이 하면, 자연수가 차례로 탄생하는 과정을 볼 수 있다. 그

런데 이렇게 '무'로부터 자연수―이런 경우의 자연수를 '순서수(順序數)'라고 부른다―를 만들어낼 수 있었던 것은 아무것도 없는 상태인 공집합을 '0'이라고 불렀기 때문이다. 즉, $\phi = 0$으로 놓았기 때문이다.

아무것도 없는 것(無)에 이름을 붙인 것만으로 무한히 많은 수가 탄생하다니! 이런 곳에서도 수학이라는 학문의 특별한 성격을 엿볼수 있을 것 같다.

2
기수법

아무리 크거나 작은 수일지라도 열 개의 숫자로써 모든 수를 아무 불편 없이 나타낼 수 있다. 마치 우리가 물이나 공기를 당연히 여기듯이 편리한 숫자를 너무나 당연한 것으로 여기면서.

여러 가지 기수법
로마식 기수법과 아라비아식 기수법

수를 나타내는 방법에는 '명수법(命數法)'과 '기수법(記數法)'이 있다. 명수법은 수를 말로 나타내는 것이고, 기수법은 수를 기호로 나타내는 것을 말한다. 예를 들면 하나, 둘, 셋…, 또는 일, 이, 삼…, 원, 투, 쓰리…, 아인스, 츠바이, 드라이… 등은 명수법이다. 세계 여러 나라의 말이 각각 다르듯이 명수법도 나라에 따라서 각각 다르다.

그러나 세계 각국의 기수법은 아라비아 숫자로 통일되어 있다. 하지만 인도·아라비아식 기수법이 쓰이기 전까지는 각 나라의 기수법이 달랐으며, 각기 몇 가지 원리에 따라 사용되고 있었다. 그 원리를 하나씩 알아보자.

덧셈의 원리에 의한 기수법

기수법 중에서 가장 원시적인 것이 덧셈의 원리에 의한 기수법이다. 이것을 '가법적 기수법(加法的記數法)'이라고 하는데 그 대표적인 예가 로마 기수법이다.

로마 기수법은 다음의 표와 같은 형태였다.

I	1	X	10	XX	20	XXX	30	C	100
II	2	XI	11	XXI	21	XXXX	40	CC	200
III	3	XII	12	XXII	22	(=XL 40)		CCC	300
IIII	4	XIII	13	XXIII	23	L	50	CCCC	400
(=IV 4)		XIV	14	XXIV	24	LI	51	(=CD 400)	
V	5	XV	15	XXV	25	LII	52	D	500
VI	6	XVI	16	XXVI	26	……		DC	600
VII	7	XVII	17	XXVII	27	……		DCC	700
VIII	8	XVIII	18	XXVIII	28	LX	60	DCCC	800
IX	9	XIX	19	XXIX	29	LXX	70	DCCCC	900
						LXXX	80	(=CM 900)	
						LXXXX	90	M	1000
						(=XC 90)			

이처럼 기본 숫자를 더하는 형식으로 다른 수를 나타내는 것이 로마 기수법이다. 예를 들면, 234를 로마 기수법으로 나타내면 다음과 같다.

$$\underset{(100\ +}{\mathrm{C}}\ \underset{100\ +}{\mathrm{C}}\ \underset{10\ +}{\mathrm{X}}\ \underset{10\ +}{\mathrm{X}}\ \underset{10\ +}{\mathrm{X}}\ \underset{4\ )}{\mathrm{IV}}$$

이것은 백이 둘, 십이 셋, 일이 넷이 있다는 뜻이다.

다시 317을 로마 기수법으로 나타내 보자. 317은 백이 셋, 십이 하나, 일이 일곱이므로 다음과 같이 이들의 합으로 317을 나타낸 것이다.

$$\underset{(100\ +}{\mathrm{C}}\ \underset{100\ +}{\mathrm{C}}\ \underset{100\ +}{\mathrm{C}}\ \underset{10\ +}{\mathrm{X}}\ \underset{7\ )}{\mathrm{VII}}$$

Q 다음의 수들을 지금의 인도 · 아라비아 숫자로 나타내 보자.

XXXVIII	▷
XLIII	▷
LXXIX	▷
LXXXVII	▷
LXXXIX	▷
CLXXXVII	▷
CCCLXXIX	▷
CDLXXXVI	▷
DCCLXXXIX	▷
MMDCCLXIV	▷

곱셈의 원리에 의한 기수법

곱셈의 원리에 의한 기수법의 예로 중국에서 사용되는 한 숫자(漢數字)가 있다. 한 숫자는 다음과 같다.

1	▷	一	6	▷	六	100	▷	百
2	▷	二	7	▷	七	1000	▷	千
3	▷	三	8	▷	八	10000	▷	萬
4	▷	四	9	▷	九			
5	▷	五	10	▷	十			

한 숫자의 기본 숫자는 1 → 一, 10 → 十, 100 → 百, 1000 → 千, … 인데, 다른 수를 나타낼 때는 이들 기본 숫자의 몇 곱이라는 형식으로 쓴다. 예를 들어, 234를 한 숫자로 나타내 보자.

二 百 三 十 四

$(2 \times 100 + 3 \times 10 + 4)$

이것은 百의 2곱과 十의 3곱과 4가 있다는 뜻이다. 다시 말하면, 二 × 百(＋)三 × 十(＋)四에서 곱셈 기호 ×를 생략한 것이다.

이와 같은 뜻에서 이것을 '곱셈의 원리에 의한 기수법' 또는 '승법 적 기수법'이라고 한다. 정확히 말하면, '곱셈·덧셈의 원리에 의한 기수법'이라고 해야 옳다. 이것을 로마식으로 나타내 보자.

百 百 十 十 十 四

이 점에서는, 확실히 한 숫자에 의한 기수법이 로마식보다 편리하 다는 것을 알 수 있다.

그러나 로마 숫자와 한 숫자에 의한 기수법은 현재의 인도·아라 비아식 기수법과 비교할 때 공통점이 있다. 아라비아 숫자(＝인도· 아라비아 숫자)로 나타낸 수는 그 수가 어느 자리에 있는가에 따라서 그 크기가 달라지지만, 위의 두 기수법으로 나타낸 수는 자리가 어 디에 있든 언제나 같은 수를 의미하고 있다는 점이다.

234를 예로 들어 보자. 2는 100의 자리에 있기 때문에 200을 나타 내지만, 만일 10의 자리, 1의 자리에 있으면 각각 20, 2를 뜻하게 된 다. 234를 로마 숫자로 나타낸 CCXXXIV의 'C'나 한 숫자로 나타 낸 二百三十四의 '百'은 어디에 있든지 100을 나타낸다.

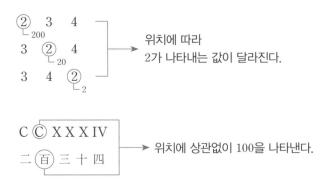

위치에 따라
2가 나타내는 값이 달라진다.

위치에 상관없이 100을 나타낸다.

    이처럼 로마 숫자나 한 숫자에 의한 기수법은 숫자가 놓인 자리와
는 상관없이 항상 똑같다는 뜻에서 '절대적 기수법', 그리고 아라비
아 숫자에 의한 것은 놓인 위치가 문제가 된다는 뜻에서 '위치적 기
수법'이라고 부르고 있다.

편리한 10진 기수법
10진 기수법의 최대 비밀, 0

우리는 어려서부터 0, 1, 2, 3, 4, 5, 6, 7, 8, 9라는 열 개의 숫자만 가지고 수를 나타내도록 교육을 받아 왔다. 그래서 아무리 크거나 작은 수일지라도 이 열 개의 숫자로써 모든 수를 아무 불편 없이 나타낼 수 있다. 마치 우리가 물이나 공기를 당연히 여기듯이 편리한 숫자를 너무나 당연한 것으로 여기면서.

원래 우리나라에서도 십(十), 백(百), 천(千), 만(萬)과 같이 열 단위씩 새로운 글자를 쓰고 있었다. 이와 같이 수를 나타내는 방법은 '10'이란 수를 기본으로 하고 있으며, 이것을 '10진법'이라고 한다. 예부터 대부분의 민족은 이 10진법을 채택해 왔다. 그것은 사람의 손가락이 우연히 열 개였다는 극히 단순한 이유 때문이었다. 만일에 사람의 손가락이 6개, 8개였다면, 마땅히 6진법이나 8진법이 쓰이게 되었을 것이다.

물론 지금 세계 어느 나라에서나 공통적으로 사용하고 있는 인도·아라비아 숫자에 의한 기수법도 10진법이다. 그러나 다음과 같은 한 가지 점에서, 사실 이 한 가지가 아주 중요한 의미를 지니며, 이전의 모든 기수법과 비교할 수 없이 차별화된다.

인도·아라비아식 기수법을 제외한 다른 모든 기수법에서는 자리가 하나씩 올라갈 때마다 새로운 숫자를 만들어야만 했다.

그러나 아라비아 숫자를 사용하면, 아무리 크거나 아무리 작은 수일지라도 0, 1, 2, …, 9의 10개 숫자만으로 쉽게 나타낼 수 있다.

그것은 각 숫자가 자리에 따라서 그때마다 나타내는 수의 크기가 달라진다는 '1인 10역', 아니 '1인 1000…역'의 구실을 하기 때문이다. 그러므로 아라비아 숫자에 의한 기수법은 단순한 기수법이 아니라, 자리에 따라서 숫자의 내용이 달라지는 '10진 위치적 기수법'이라는 특징을 가지고 있다고 하겠다.

이 10진 위치적 기수법의 특징은 무엇보다도 쉽게 계산할 수 있다는 점에 있다. 가령 3646＋3006과 같은 것은 초등학교 3학년쯤이면 간단히 계산해 낼 수 있다.

오늘날의 숫자 표시는 세 자리씩 한 묶음으로 하여 콤마(,)를 찍어, 쉽게 그 수의 크기를 알 수 있게 되어 있다. 예를 들면 246,627,231의 첫 번째 콤마 왼편의 7은 천의 자리에 있어서 7,000을 나타내고, 두 번째 콤마의 왼편에 있는 것은 백만 단위의 것이므로, 이 숫자는 간단히 2억 4662만 7231임을 곧 알 수 있게 된다.

10진 위치적 기수법을 처음 발견한 나라는 인도였으나, 이 편리한 기수법은 서쪽의 아라비아뿐만 아니라, 동쪽으로 중국을 거쳐 우리나라에 보급되었다.

수의 표시뿐만 아니라 가감승제의 계산에서도, 다른 숫자보다 이 아라비아 숫자를 쓰면 놀랄 정도로 편리하고 정확하다. 가령 다음과 같은 계산 문제를 풀 때 오른쪽과 왼쪽의 계산 방법을 비교해 보면 그 차이를 금방 알 수 있다.

$$
\begin{array}{r}
\text{DCCLXXVII} \\
+ \text{CC X VI} \\
\hline
\text{DCCCCLXXXXIII}
\end{array}
\qquad
\begin{array}{r}
777 \\
+\ 216 \\
\hline
993
\end{array}
$$

$$
\begin{array}{r}
\text{DCCLXXVII} \\
- \text{CC X VI} \\
\hline
\text{D LX I}
\end{array}
\qquad
\begin{array}{r}
777 \\
-\ 216 \\
\hline
561
\end{array}
$$

이 기적과 같이 놀라운 인도·아라비아식 기수법! 그 비밀의 열쇠는 '0'이라는 기호에 있다.

1, 2, 3, …과 같은 숫자는 한 개, 두 개, 세 개 등 눈에 보이는 물건과 대응시킬 수 있다. 그러나 눈앞에 보이지 않는 물건과 대응시키는 0은 수 중에서 가장 간단한 것으로 생각되지만 의외로 어려운 문제가 내포되어 있다.

구구셈을 자주 실수하는 학생도 5단이나 5를 곱하는 셈은 곧잘 외우는데, 이는 끝수가 반드시 0 아니면 5가 되기 때문일 것이다.

그러나 0의 발견—정확하게는 발명—이 그렇게 간단한 것은 결코 아니었다. 실제로 수의 역사에서 0은 다른 어떤 수(정수, 분수)보다도 나중에 발명된 것이다.

생각하는 순서로 보아도 사람들은 처음에는 눈앞에 있는 것에 먼저 관심을 갖고, 그것이 없어진 뒤라야 비로소 아무것도 없다는 것을 의식한다. 가령 여기에 사과가 5개 있다고 하자. 누군가 와서 하

TIP 미국식 명수법과 영국식 명수법

수의 호칭(명수법)은 영국과 미국이 약간의 차이가 있다. 미국에서는 다음과 같이 천 단위마다 새로운 수사를 사용하는 '1000진법'을 사용하고 있다.

1,000 (천, thousand)

1,000,000 (백만, million)

1,000,000,000 (십억, billion)

1,000,000,000,000 (조, trillion)

반면에 영국에서는 billion으로 1조, 그러니까 미국식의 trillion에 해당하는 수를 나타내고, trillion으로는 1,000,000,000,000,000,000(100경(京))을 나타낸다. 영국식이 중세기(14세기 무렵) 이후의 전통을 그대로 지키고 있기 때문이다. 이런 데에서도, 철저한 합리주의의 나라 미국과 전통에 충실한 영국인의 사고의 차이를 볼 수 있다.

나, 둘, … 먹어 버렸다. 몇 개나 먹었을까 하고 생각할 때는 언제나 1, 2, 3, …과 같은 수이다. 그러면 남아 있는 개수는 몇 개인가? '0개 뿐이다.'

이러한 상황에서 비로소 0을 의식하게 된다. 따라서 0은 정수 가운데에서 가장 뒤늦게 발견되었다.

눈앞에 있는 것보다는 눈앞에 없는 것을 생각하는 일이 항상 어렵다. 처음엔 눈에 보이는 것만을 알고 있던 사람이, 곰곰이 생각한 뒤에야 눈에 안 보이는 것도 알게 되기 때문이다. 0의 발견도 이런 경우에 속한다.

0과 1로 이루어진 세상
동양과 서양은 2진법으로 통한다!

옛날 중국과 우리나라에서는 모든 것을 음양으로 나누어서 생각하는 경향이 강했으며, 지금도 그 전통이 뿌리 깊게 살아 있다. 우리나라의 태극기가 이것을 잘 상징하고 있다. 옛날에는 두 가지 막대를 써서 앞으로 일어날 좋고 나쁜 일을 점쳤는데, 이것을 '역(易)'이라고 부른다. 우리나라 태극기의 네 구석에 있는 것은, 이 '역'의 원리의 일부이다.

☰ 乾(건) ☱ 兌(태) ☲ 離(이) ☳ 震(진)

☴ 巽(손) ☵ 坎(감) ☶ 艮(간) ☷ 坤(곤)

지금의 태극기 원형

'팔괘(八卦)'라고 부르는 이 원리는 위의 8가지인데, 지금 '—'(양)을 1, '— —'(음)을 0으로 생각하고 고쳐 쓰면

$$111, 011, 101, 001,$$
$$110, 010, 100, 000$$

과 같이 되어, 2진법의 0부터 7까지의 수와 꼭 들어맞는다. 이 사실을 처음으로 지적한 사람은 독일의 철학자 라이프니츠(Leibniz, 1646~1716)였다.

음양 사상이란 태양과 달, 남자와 여자, 홀수와 짝수와 같이 세상의 모든 것을 음과 양으로 분류해서 생각하는 태도이다. 이 음양 사상이 유럽으로도 전해졌으며, 위대한 철학자나 과학자 중에는 그 영향을 받은 사람이 적지 않다. 그 대표적인 예가 라이프니츠로, 음양 사상을 이용하여 2진법을 발명했다. 컴퓨터의 수학적 구조는 2진법인데, 이 2진법의 수학이 사실은 동양의 음양 사상의 영향을 받아 태어났다는 사실은 아주 흥미를 끈다.

지금 이 생각을 정수에 국한시켜 생각하면, 모든 정수는 짝수와 홀수로 나누어 생각할 수 있다. 짝수의 대표인 0, 홀수의 대표인 1의 두 수 사이의 덧셈과 곱셈을 생각하면 다음 표와 같다.

1+1=2의 경우만을 제외하고 계산 결과는 모두 0 아니면 1이다.

+	0	1
0	0	1
1	1	2

×	0	1
0	0	0
1	0	1

2는 짝수이므로 이것을 짝수의 대표인 0으로 바꾸어 놓아보자.

$$1+1=0$$

그러면 이 덧셈표는 아래 표와 같이 된다.

+	0	1
0	0	1
1	1	0

이것은 아래의 표에서 짝수, 홀수를 0, 1로 바꾸어놓은 것이다.

+	짝수	홀수
짝수	짝수	홀수
홀수	홀수	짝수

×	짝수	홀수
짝수	짝수	짝수
홀수	짝수	홀수

이렇게 함으로써 두 원소 0과 1로 된 집합

$$\{0, 1\}$$

에서 덧셈과 곱셈이 정해지고 계산의 결과도 이 집합의 테두리 안에서 얻어지게 된다.

정수 전체로 된 집합을 Z로 나타내 보자.

$$Z = \{\cdots, -4, -3, -2, -1, 0, 1, \cdots\}$$

이에 대해서 위의 두 원소로 된 집합을 Z_2로 나타내 보자. 즉,

$$Z_2 = \{0, 1\}$$

Z_2라는 집합은 Z의 원소를 짝수, 홀수라는 성질에 의하여 두 종류로 나누어 이 종류에 대해서만 생각하여 얻은 작은 집합이다.

이 세상 모든 것에 수를 대응시키고 이것을 짝수, 홀수로 분류하여 0과 1만으로 대표시킨 생각은 이 세상 모든 것을 음과 양으로 분류시킨 것과 근본적으로 같은 생각이다. 그러나 동양에서는 끝까지 논리적으로 추구하지 않고 이것을 점이나 미신으로 만들어 버렸다. 한편 최근의 전자계산기는 Yes에는 1, No에는 0을 대응시키고 앞에서 만든 표로써 전기회로를 만들기도 한다. 모든 명제는 0과 1로 된다는 사상이다. 이처럼 같은 발상이 과학이 될 수도 있고 미신으로 그칠 수도 있다.

마법의 카드

2진법의 원리를 이용한 놀이

크리스마스 전날 밤에 산타클로스가 선물로 가져온다는 서양의 마법의 카드는 아래와 같이 6장의 카드에 1부터 63까지의 수가 적혀 있다. 이 6장의 카드를 가지고 상대편의 나이를 알아맞힐 수 있는

1

1	9	17	25	33	41	49	57
3	11	19	27	35	43	51	59
5	13	21	29	37	45	53	61
7	15	23	31	39	47	55	63

2

2	10	18	26	34	42	50	58
3	11	19	27	35	43	51	59
6	14	22	30	38	46	54	62
7	15	23	31	39	47	55	63

3

4	12	20	28	36	44	52	60
5	13	21	29	37	45	53	61
6	14	22	30	38	46	54	62
7	15	23	31	39	47	55	63

4

8	12	24	28	40	44	56	60
9	13	25	29	41	45	57	61
10	14	26	30	42	46	58	62
11	15	27	31	43	47	59	63

5

16	20	24	28	48	52	56	60
17	21	25	29	49	53	57	61
18	22	26	30	50	54	58	62
19	23	27	31	51	55	59	63

6

32	36	40	44	48	52	56	60
33	37	41	45	49	53	57	61
34	38	42	46	50	54	58	62
35	39	43	47	51	55	59	63

데, 가령 "당신의 나이를 나타내는 수는 몇 번과 몇 번 카드 속에 들어 있습니까?" 하고 물었을 때, 상대방이 "**1**, **2**, **4**, **5**의 카드 속에 있습니다"라고 답했다고 하자. 이 경우 **1**, **2**, **4**, **5** 카드의 각각 첫 번째 수 1, 2, 8, 16을 더한 27이 상대편의 나이가 된다. 이 카드에 숨겨진 비밀은 무엇일까?

이 마법의 카드는 실은 2진법을 이용하여 만들어진 것이다. 2진법이란 0과 1의 두 숫자만으로 만들어진 수이다. 우리가 보통 쓰는 수 (10진법의 수) 1부터 63까지를 2진법으로 나타내면 64쪽의 표와 같이 된다.

앞의 6장의 카드에는 다음과 같은 방법으로 숫자가 적혀 있다. 즉, 1부터 63까지의 수 중에서 그것을 2진법으로 나타낸 수의 첫째 자리에 1이 있으면 카드 **1**에 그 수를 적고, 둘째 자리에 1이 있으면 카드 **2**에 적는다. 마찬가지로 셋째, 넷째, 다섯째, 여섯째 자리에 1이 있으면 **3**, **4**, **5**, **6**에 각각 그 수를 적어 넣는다. 이렇게 해서 만든 것이 이 마법의 카드인 것이다.

예를 들어, $27_{(10)} = 11011_{(2)}$은 첫째, 둘째, 넷째, 다섯째 자리에 1이 있기 때문에 **1**, **2**, **4**, **5**의 카드에 각각 27이라는 수가 적혀 있다. 그런데, 27은 다음과 같이 2진법으로 나타낼 수 있다.

$$11011_{(2)} = 10000_{(2)} + 1000_{(2)} + 10_{(2)} + 1_{(2)}$$

이것을 다시 64쪽의 2진법 표와 대조하여 10진법으로 바꾸면 아래와 같다.

$$27 = 16 + 8 + 2 + 1 = 2^4 + 2^3 + 2^1 + 2^0$$

$2^0 = 1 = 1$	$22 = 10110$	$43 = 101011$
$2^1 = 2 = 10$	$23 = 10111$	$44 = 101100$
$3 = 11$	$24 = 11000$	$45 = 101101$
$2^2 = 4 = 100$	$25 = 11001$	$46 = 101110$
$5 = 101$	$26 = 11010$	$47 = 101111$
$6 = 110$	$27 = 11011$	$48 = 110000$
$7 = 111$	$28 = 11100$	$49 = 110001$
$2^3 = 8 = 1000$	$29 = 11101$	$50 = 110010$
$9 = 1001$	$30 = 11110$	$51 = 110011$
$10 = 1010$	$31 = 11111$	$52 = 110100$
$11 = 1011$	$2^5 = 32 = 100000$	$53 = 110101$
$12 = 1100$	$33 = 100001$	$54 = 110110$
$13 = 1101$	$34 = 100010$	$55 = 110111$
$14 = 1110$	$35 = 100011$	$56 = 111000$
$15 = 1111$	$36 = 100100$	$57 = 111001$
$2^4 = 16 = 10000$	$37 = 100101$	$58 = 111010$
$17 = 10001$	$38 = 100110$	$59 = 111011$
$18 = 10010$	$39 = 100111$	$60 = 111100$
$19 = 10011$	$40 = 101000$	$61 = 111101$
$20 = 10100$	$41 = 101001$	$62 = 111110$
$21 = 10101$	$42 = 101010$	$63 = 111111$

그래서 1, 2, 4, 5의 각 카드에 적힌 첫 번째 수를 더해 나가면 27이 된다.

주판은 몇 진법일까?
서산과 주판의 간단한 원리

10진 기수법의 고마움은 이미 설명하였다. 또 그것의 시작은 사람의 손가락이 10개이기 때문이라는 것도 알았다. 그러나 처음부터 열 손가락의 고마움을 안 것은 아니었다. 우리의 조상은 이 10진법에 앞서 한 손만을 보고, 5를 한 단위로 삼을 수 있지 않겠느냐는 생각을 했던 것 같다. 5는 10보다 작으면서 간단하게 처리할 수 있는 수이다.

요즘 새롭게 주목을 받고 있는 주판도 원래 5진법을 근거로 해서 만들어진 것이다. 옛날 우리 조상들이 사용했던 주판은 아래 그림과 같이 위칸에 2개의 알이 있었다. 위칸의 알 하나는 아래칸의 알 5개에 해당한다.

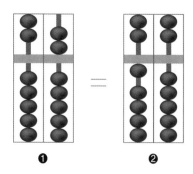

①　　　　　**②**

　그런데 실제로 위칸의 알 2개를 내리면 $5 \times 2 = 10$이므로, 그 왼쪽에 있는 아래칸의 알 1개를 올린 값과 같다. 그래서 나중에는 위칸의 알 1개는 필요가 없어졌다. 그리하여 주판은 다음 그림 **③**처럼 간단하게 만들어졌다. 또한 아래칸의 알 5개가 위칸의 알 1개에 해당하므로 아래칸의 알 5개를 올릴 필요 없이 위칸의 알 1개를 내리면 되므로 아래칸의 알을 4개로 만든 그림 **④**와 같은 주판이 나왔다.

　이렇게 위칸에 1알, 아래칸에 4알로 개량된 주판은, 우리나라보다 먼저 상업이 발달한 일본에서 고안되었다.

　이론적으로만 생각하면 주판이 위칸에 알 2개, 아래칸에 알 5개가

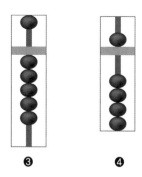

③　　　　**④**

있어야 했다. 하지만 실제로 이용하면서 좀 더 편하게 개량된 것이다. 우리가 1300원의 물건 값을 지불할 때, 이론상으로는 100원짜리 동전 13개를 준비하고, 그중에서 10개를 1000원으로 간주한다. 그러나 실제로는 이러한 번거로움을 없애고, 처음부터 1000원짜리 지폐 1장과 100원짜리 동전 3개를 준비하는 것과 같은 이치이다.

이런 주판의 원리는 계산뿐만 아니라 일상생활 속에서도 응용되었다. 우리 민족은 예부터 책읽기를 좋아했는데, 그 때문인지 과거 시험에 대비하기 위해서는 적어도 책 수십 권쯤은 외울 정도가 되어야 한다. 그래서 하루 종일 책상 앞에 앉아 책을 읽는, 아니 외우는 일을 중하게 여겼다. 이렇게 지루한 공부 방법에 다소의 자극을 주기 위해 등장한 것이 '서산(書算)'이란 도구이다.

이것은 책을 몇 번 읽었는가를 기록하기 위한 도구로, 계산용으로 사용되지는 않았다. 그러나 이것이 주판과 같은 원리에 의해서 만들어졌다는 점이 재미가 있다. 즉, 5진법의 원리에 의해서 만들어져 있다.

다음 그림에서 왼쪽의 서산을 보면 중간쯤에 》↓《와 같은 모양이 있다. 이것은 아래쪽의 5단위가 위쪽의 1단위에 해당한다는 구분 표시이다. 책을 한 번 읽을 때마다 아래쪽의 길쭉한 뚜껑 모양의 종이를 하나씩 뒤로 젖힌다. 그래서 5개 전부가 젖혀지면 위의 뚜껑 하나를 젖히는 것이다. 가령 책을 3번 읽었다면 그림 ❶과 같이 되고, 8번 읽었다면 그림 ❷와 같다.

그런데 이렇게 하는 동안 실제로 책을 5번 읽었을 때 아래쪽의 5개를 전부 젖힐 필요가 없다는 생각이 들었을 것이다. 그림 ❸은 4번

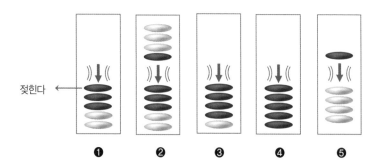

젖힌다 ←

❶ ❷ ❸ ❹ ❺

읽었을 때의 경우이고, 그림 ❹는 5번 읽었을 때의 경우이다. 그리고 그림 ❺ 역시 5번 읽었을 때의 경우이다. 이와 같이 ❹를 거칠 필요 없이 직접 ❸에서 ❺로 넘어가면 되는 것이다.

이러한 과정을 거치는 동안에, 처음에는 아래에 뚜껑 5개가 있는 서산을 사용했으나 나중에는 아래에 4개가 있는 서산을 사용하게 되었다. 주판의 사용 과정이 처음 아래칸에 5개의 알이 있는 것에서 4개의 알이 있는 것으로 바뀐 것과 같은 이치이다.

이 서산에 나타난 개량형 주판의 원리가 어째서 실제의 주판에서는 조선말까지도 실시되지 않았을까? 그것은 상업이라고 할 수 없는 당시의 보잘것없는 유통사회에서 종전의 주판으로도 조금도 불편함을 느끼지 않았기 때문이다. 이런 것에서도 '필요는 발명의 어머니'라는 격언을 새삼 실감할 수 있다.

지금으로부터 4000년도 더 오랜 고대 메소포타미아 문명은 완전한 위치적 기수법을 가지고 있었다고 한다. 10이 채워질 때마다 자리가 하나씩 올라가는 10진법이 아니라, 60을 단위로 하여 자리바꿈을 한다는 점이 지금과 다를 뿐이다.

이 고대 60진법의 흔적은 1시간을 60분, 1분을 60초로 나타내는 정도밖에는 이제 찾아볼 수 없지만, 유럽에서는 17세기까지만 해도 흔히 쓰였었다. 그런데 그들은 사람의 손가락의 개수가 10개라는 점에서 간편할뿐더러 자연스러운 10진법을 왜 외면하고 까다롭고도 부자연스러운 60진법을 일부러 택했을까?

반만 년에 가까운 옛일이라 확실한 이유는 물론 알 수가 없다. 그러나 이렇게 추측해 볼 수는 있다. 이치를 따진다면 10이라는 수는 60에 비해서 융통성이 덜한 수이다. 가령 약수만을 생각해도 10은 2와 5 둘뿐이지만, 60은 다음과 같이 모두 10개의 약수를 갖는다.

2, 3, 4, 5, 6, 10, 12, 15, 20, 30

또 원을 360등분하고 그 하나를 1°로 나타내는 것도 메소포타미아에서 시작되었는데, 60°는 정삼각형을 만들 때 나오는 각도일 뿐만 아니라, 정확히 그릴 수 있다는 점에서도 편리한 각도이다.

우리가 사용하고 있는 인도·아라비아식 10진 기수법은 큰 수뿐만 아니라 아무리 작은 수라도 만들어낼 수가 있다. 예를 들어 선분 A, B의 양 끝점이 0, 1이라고 할 때, 이 구간을 10등분하여 0.1, 0.2, ···, 0.9, 1.0이라는 수를 만들 수 있고, 더 작은 수가 필요하다면 계속 소구간을 10등분해 가면서 0.01, 0.02, ···, 0.09, 0.1로, 또 0.001, 0.002, ···, 0.009, 0.01과 같이 얼마든지 작은 수를 만들어낼 수 있다. 뿐만 아니라, 시간만 있으면 이런 식으로 선분 AB 위의 모든 점을 빠짐없이 찍어갈 수 있을 것같이 생각된다.

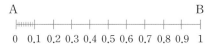

그러나 조금 생각해 보면 이것이 불가능하다는 것을 알 수가 있다. 가령 $\frac{1}{3}$과 같이 지극히 간단해 보이는 수라도, 계속 10등분해 나가면서 얻은 수와는 결코 일치하는 일이 없다. 이것은 '인수분해의 일의성'의 원리를 아는 사람이라면 쉽게 이해할 수 있다.

소수란 10의 거듭제곱($10, 10^2, 10^3, 10^4, \cdots$)을 분모로 하는 분수이다. 따라서 적당히 10의 거듭제곱을 곱하여 정수를 만들 수가 있다. 0.625를 예로 들어 보자.

$$0.625 = \frac{625}{1000} = \frac{5}{8}$$

0.625에 1000을 곱하면 625라는 정수가 된다.

따라서 만일 $\frac{1}{3}$을 소수로 나타낼 수 있으려면 적당한 10의 거듭제곱을 곱하여 정수가 되어야 한다. 그러나 어떤 수도 그 소인수 이외의 소수로는 나누어지지 않는다. 10의 소인수는 2와 5이다. 따라서 10의 거듭제곱은 3으로 나누어떨어지지 않는다. 3은 10과는 전혀 인연이 없는 소수인 것이다.

2와 5의 두 소수로 나타낼 수 있는 분수는 다음과 같은 수 또는 이 수들을 곱한 수를 분모로 하는 것뿐이다.

$$2, 4, 8, 16, 32, \cdots$$
$$5, 25, 125, 625, \cdots$$

예를 들어 1250은 아래와 같이 2×625의 곱으로 나타낼 수 있기 때문에 소수로 표현할 수 있다.

$$\frac{1}{1250} = \frac{1}{(2 \times 625)} = \frac{8}{10000} = 0.0008$$

고대 메소포타미아에서 쓰인 60진법에서는 60이라는 수가 2와 5 이외에 3이라는 소인수를 가지고 있기 때문에 위의 수들 이외에

$$3, 9, 27, 81, \cdots$$

등의 수를 분모로 갖는 분수까지도 소수가 될 수 있다.

이처럼 소수로 나타낼 수 있는 분수의 가짓수가 10진법의 수보다 훨씬 많다는 이유 때문에, 60진법을 사용한 것이라고 생각할 수 있다.

3
정수론

6이라는 완전수를 발견한 후부터 그리스인들에게는
자연수의 성질을 이치에 맞게 규명하고자 하는 탐구심
이 솟기 시작한 것이 틀림없다. 말하자면 수에 대한
미신적인 호기심이 보다 과학적인 관심으로 기울어진
것이다.

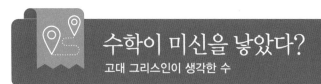
　'모든 것은 수'라고 굳게 믿었던 그리스의 수학자이자 철학자 피타고라스(Pythagoras, B.C.580?~B.C.500?)는 수는 일정한 크기를 갖는 것, 그러니까 모양을 갖는다고 생각했다. 그 예로 '삼각(형)수'라는 것이 있다.

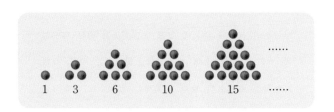

　삼각수라는 것은 그림과 같이, 일정한 크기의 동그라미 ● 를 정삼각형 꼴로 늘어서게 하여 나타낼 수 있는 수를 가리킨다. 따라서 삼각수는 차례로 다음과 같다.

$$1=1, 1+2=3, 1+2+3=6,$$
$$1+2+3+4=10, 1+2+3+4+5=15, \cdots$$

　그렇다면 여섯 번째의 삼각수는 얼마일까? 이 수는 1＋2＋3＋4＋

5+6으로, 그 답은 다음과 같이 셈하면 간단히 얻을 수 있다. 먼저 이 수를 두 배 해보자.

$$1+2+3+4+5+6$$
$$+)\ 6+5+4+3+2+1$$
$$=7+7+7+7+7+7$$
$$=6\times(6+1)$$

이것을 다시 2로 나누면 삼각수를 얻을 수 있다.

$$6\times(6+1)\div2=3\times(6+1)=21$$

또, '사각수'라는 것이 있다. 그것은 ● 을 사용하여 정사각형 꼴로 나타낼 수 있는 수를 가리킨다. 따라서 사각수는 차례로 다음과 같이 된다.

$$1^2=1,\ 2^2=4,\ 3^2=9,\ 4^2=16,\ 5^2=25,\ 6^2=36,\ \cdots$$

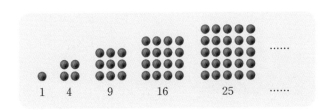

여기서 재미있는 것은 삼각수를 차례로 늘어서게 하고 이웃끼리 더해 가면 그림과 같이 사각수가 된다는 사실이다.

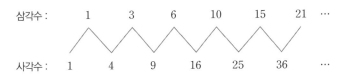

왜 그럴까? 그 이유는 다음과 같이 생각
하면 알 수 있다. 가령 네 번째 삼각수의
그림과 다섯 번째 삼각수의 그림을 다음과
같이 거꾸로 이어 붙이면, 이때 ●는

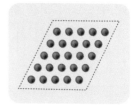

$$(4+1) \times 5 = 5 \times 5 = 5^2$$

만큼 있다. 따라서 그 합은 사각수이다. 또, 홀수를 1에서 차례로 더
해 가면

$$1 = 1 = 1^2 \qquad 1+3 = 4 = 2^2$$
$$1+3+5 = 9 = 3^2 \qquad 1+3+5+7 = 16 = 4^2 \ \cdots\cdots$$

와 같이 되어, 그 답은 언제나 사각수이다. 왜 그럴까? 아래 그림을
보면서 생각해 보자.

이것은 1부터 시작하는 연이은 홀수의 합이 언제나 제곱수, 즉

$$1+3+5+7+9+\cdots+(2n-1) = n^2$$

이 됨을 뜻하는데, 피타고라스는 이 법칙성을 아래의 그림을 통해서
발견했다고 한다.

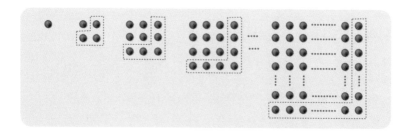

알고 보면 삼각수란, 1부터 시작하는 임의의 연이은 수(자연수)의 합 $1+2+3+\cdots+n$을 뜻하는데, 피타고라스는 이 삼각수가 '직사각(형)수' $n(n+1)$(단, n은 2 이상의 임의의 자연수)의 반이라는 것, 즉 삼각수와 직사각수 사이에는

$$1+2+3+\cdots+n=\frac{n(n+1)}{2}$$

이라는 관계가 성립한다는 것을 다음 그림과 같은 방법에 의하여 발견하였다. 그들은 이런 사실에서 수(자연수) 사이에 숨어 있는 신비성을 느꼈던 것 같다.

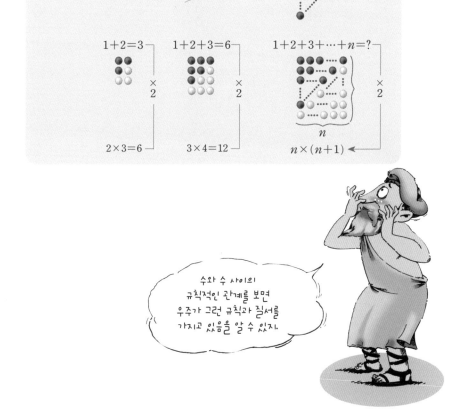

수와 수 사이의 규칙적인 관계를 보면 우주가 그런 규칙과 질서를 가지고 있음을 알 수 있지.

비단, 수 사이에서뿐만 아니라 수와 음계 사이에도 아주 신기한 관계가 있다는 것을 알게 되면서 더욱 수를 신비화시켰다. 예를 들어, 1부터 시작하여 그 합이 최초로 10이 되는 수 1, 2, 3, 4에 대하여,

$$4:3(4도음), \quad 3:2(5도음), \quad 2:1(8도음)$$

의 음계가 구성되는데, 이러한 사실을 발견한 사람이라면 으레 1, 2, 3, 4가 어떤 신비로운 성질을 갖고 있다고 여길 수밖에 없지 않을까? 즉, 피타고라스학파의 저 신비한 수론(數論)은 단순한 미신이 아니고 수를 깊이 연구한 결과를 토대로 삼고 있으며 그 나름대로의 충분한 이유를 가지고 있다.

정수론의 시초
재미있는 성격을 갖고 있는 완전수

5는 최초의 짝수 2와 최초의 홀수 3(최고의 수인 1을 제외하고)의 합인데, 짝수는 여성, 홀수는 남성을 상징하므로 결혼을 나타내는 수이다. 또 정오각형 속에는 미(美)의 기본인 '황금분할'이 들어 있다.

황금분할이라는 것은 아래의 그림처럼 정오각형의 한 대각선이 다른 대각선에 의하여 분할될 때 생기는 두 부분의 길이 a와 b의 비를 말한다.

이 5부터는 1, 2, 3, 4의 경우와는 달리 순전히 수학적인 입장에서 수의 성질을 다루게 된다.

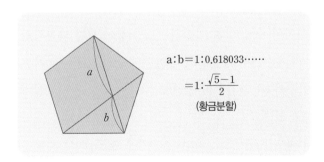

$$a:b=1:0.618033\cdots\cdots$$
$$=1:\frac{\sqrt{5}-1}{2}$$
(황금분할)

그리스인들은 6이라는 수에 아주 유별난 성질이 있음을 발견하였다. 그것은 6이 자기 자신을 제외한 약수 1, 2, 3의 합이라는 사실이다.(6=1+2+3) 다른 수, 가령 8이나 9는 각각 그 약수를 더해도 자기 자신과 같지 않다. 8의 약수 1, 2, 4를 더하면 7이고, 9의 약수 1, 3을 더하면 4이다.

이처럼 '자기 자신 이외의 약수의 합이 자신과 같아지는 수'란 여간해서 찾기 힘들다. 그래서 이러한 성질을 갖는 수(예를 들어 6)를 '완전수'라고 불렀다.

그렇다면 그리스인들은 완전수가 아닌 수를 무엇이라고 불렀을까? 8이나 9처럼 약수의 합이 자기 자신보다 작은 수를 그들은 '부족수'라고 이름지었다. 그러고 보니 2, 3, 4, 5, 7, 8, 9, 10, 11 등은 모두 부족수이다.

한편 12의 경우는 자신을 제외한 약수의 합이 16으로 12보다 크므로 '과잉수'라고 불렀다.(1+2+3+4+6=16) 그러니까 1 이외의 자연수는 완전수, 부족수, 과잉수의 3종류로 나뉜다.

6이라는 완전수를 발견한 후부터 그리스인들에게는 자연수의 성질을 이치에 맞게 규명하고자 하는 탐구심이 솟기 시작한 것이 틀림없다. 말하자면 수에 대한 미신적인 호기심이 보다 과학적인 관심으로 기울어진 것이다. 자연수의 소인수분해에 관한 유클리드의 아주 중요한 연구가 이 완전수의 발견에 이어서 나왔다는 사실이 이것을 뒷받침하고 있다.

뒤에서 따로 이야기하겠지만, 소인수분해, 즉 어떤 자연수에 대해서도 그것을 소수의 곱으로 나타내는 방법은 한 가지뿐이다.(소인수분해의 일의성) 얼핏 보기에 당연한 것 같으면서도 자연수의 성질에 관한 대단히 중요한 이 법칙을 증명한 사람은 유클리드(Euclid, B.C 330~B.C.275)였다. 유클리드는 완전수에 관해서도 더 깊이 연구하였다.

유클리드 | 완전수의 발견으로 소인수분해의 일의성을 밝혀냈다.

6, 28, 496, 8128, …과 같이 완전수는 자꾸 커진다. 최근에는 소일거리로(?) 컴퓨터를 이용하여 계속 엄청나게 큰 완전수를 구하고 있다. 그런데 그리스 이래 2천여 년이 지나고, 게다가 컴퓨터까지 동원됐는데도 아직껏 홀수인 완전수는 발견되지 않고 있다. 이것은 어찌된 일일까? '완전'이라는 것을 그만큼 까다롭다는 뜻이라고 한다면, 그리스인들이 붙인 '완전수'라는 명칭은 참으로 적절했다고 할 수 있다.

완전수가 아닌 수 중에서도 아주 재미있는 성질을 가진 수가 있다. 가령 220의 약수 1, 2, 4, 5, 10, 11, 20, 22, 44, 55, 110을 더하면 284가 되고, 또 284의 약수 1, 2, 4, 71, 142를 더하면 역으로 220이 된다. 이 두 수는 각 약수의 합이 상대방의 수가 되는 아주 친한 수이다. 그리스인들은 이러한 관계에 있는 두 수를 서로 '친화수(親和數)'라고 불렀다.

피타고라스는 "친구란 무엇인가"라는 질문을 받고, 220과 284를 지적하면서 '또 다른 나'라고 대답했다고 한다. 피타고라스가 활동하고 있던 B.C. 6세기경부터 이미 약수를 셈하여 그 합을 구하는 사람들이 있었다는 것은 참으로 놀라운 일이다.

수의 아름다움
수는 음악의 세계까지도 지배한다

아무리 예쁘게 생긴 입이나 눈, 코, 귀라도 자기 멋대로 크고 작다면 아름다운 얼굴이라고 할 수 없다. 이들 사이에 일정한 비율이 있어야만 비로소 예쁜 얼굴이 된다. '팔등신'이라는 말도 있듯이 미인이라면 눈, 코, 입 등의 크기는 말할 것도 없고 몸의 각 부분 사이의 수치의 관계가 일정한 비율로 나타내져야 한다.

음악에서도 아름다운 음은 일정한 비율을 지닌다. 세종대왕이 우리나라의 옛 음악을 정비할 때에 '황종률(黃鍾律)'이라는 기본 음계를 나타내는 피리의 길이를 근거로 하여 이것과의 비율에서 다른 음계를 정했다는 이야기는 너무도 유명하다.

'모든 것의 근원은 수'라고 주장한 철학자답게 피타고라스는 수를 바탕으로 음악 이론을 세웠다. 어느 날 그가 대장간 앞을 지나고 있을 때 쇠를 치는 소리가 들려왔다. 소리는 공기의 진동에서 생기는 것이므로 여기에서 그는 소리와 공기의 진동수 사이에 깊은 연관이 있음을 문득 깨닫고 '음의 수'의 관계를 연구하였다. 그는 하프의 줄을 처음 튕겼을 때의 소리와 그 줄을 $\frac{2}{3}$로 줄이고 튕겼을 때의 소리를 비교해 보고, 뒤의 것이 처음의 경우보다 5도 높은 소리가 나며 이들 두 개의 음이 서로 조화를 잘 이룬다는 사실을 알아냈다.

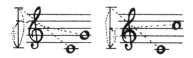

처음의 소리(음계)가 '도'였다고 한다면 길이를 $\frac{2}{3}$로 줄였을 때는 '도'보다 5도 높은 '솔'의 소리가 나오고, 그 '도'와 '솔'은 조화를 잘 이룬다는 것, 즉 조화음임을 발견하였다. 또, 처음 '도'의 소리를 냈다고 한다면 줄을 $\frac{1}{2}$로 줄였을 때는 '도'보다 8도가 높은, 그러니까

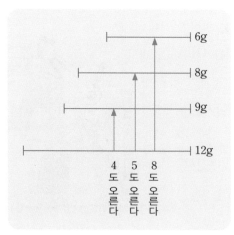

현악기에서 협화음을 내는 두 개의 현의 길이의 비(단, g는 고대 그리스의 길이의 단위인 '다크 추로스'의 머리글자. 1g=1.85cm이다.)

한 옥타브 위인 '도'의 소리가 나며 처음의 '도'와 잘 어울린다는 사실도 발견하였다.

요컨대 하프 줄의 비가 $1, \frac{2}{3}, \frac{1}{2}$이 되면 음의 진동수의 비는 이 수들의 역수, 즉 $1, \frac{3}{2}, 2$가 된다는 것이다.

그리스 사람들은 특히 수에서의 비를 이성(理性)을 뜻하는 '로고스'라는 이름으로 불렀는데, 그 이유는 그들이 이것을 이성처럼 세상에서 가장 확고하고 아름다운 법을 상징하는 것으로 믿었기 때문이다.

행성의 궤도와 그 운동법칙에 관한 '케플러의 제1법칙·제2법칙·제3법칙'으로 유명한 케플러의 경우에도, 우주의 수학적 구조와 음계 사이의 관계를 찾으려는 열의가 없었다면, 그러한 법칙을 발견하지 못했으리라. 수를 딱딱하고 융통성이 없는 것으로 생각하는 사람이 많다. 그러나 모든 질서에는 수가 있으며 아름다운 음악에도 수가 관련되어 있다.

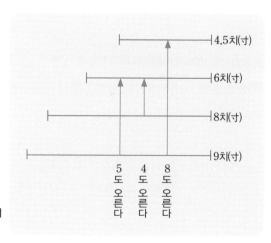

피리의 길이의 비에 의해서
나타내지는 중국의 협화음

365라는 수의 비밀
뭔가 특별한 것이 숨어 있는 수

서양의 묘비에는 대부분 이름과 생년월일, 그리고 죽은 날짜가 씌어 있다. 이처럼 인생이란 수에서 시작되고 수로 끝난다고 할 만큼 수는 우리 인간의 삶과 깊은 연관이 있다.

그중에서도 특히 1년의 날짜수를 나타내는 365는 우리에게 낯익을 뿐 아니라, 아주 중요한 수로 여겨지고 있다. 이 365라는 수를 단위로 해서 해가 바뀌므로, 우리의 생활도 이를 주기로 하여 변하기 때문이다. 인간은 이러한 주기의 숫자에 특별한 의미를 부여하고 있다.

365는 이러한 생활과의 관계에서뿐만 아니라, 수 자체만을 놓고 따져 보아도 아주 재미있는 성질을 가지고 있다. 이를 설명하기 위해 이 수를 다음과 같이 분해해 보자.

$$365 = 100 + 265$$
$$= 100 + 121 + 144$$
$$= 10^2 + 11^2 + 12^2$$

즉, 365는 차례로 이어진 세 수 10, 11, 12의 제곱의 합이다. 또,

$$365 = 73 \times 5$$
$$= (72 + 1) \times 5$$
$$= (8 \times 9 + 1) \times 5$$
$$= (2^3 \times 3^2 + 1) \times (2 + 3)$$

이처럼 이 수는 1, 2, 3의 세 수로 나타낼 수 있고, 또 지수 3과 2의 밑수는 이 순서를 바꾼 2와 3이다. 이런 사실을 눈여겨보면, 365라는 수는 과연 특별한 의미를 지닌 신비한 수라는 생각이 든다.

수를 보고 그 수가 지닌 본질적인 성질을 찾아낸 이야기로는 인도가 낳은 천재 라마누잔의 일화가 대표적이다.

어떤 수학자가 병석에 있는 그에게 문병을 가서, 자기가 탄 자동차의 번호가 '1729'인데 별로 특색이 없는 수라고 말하자 라마누잔은 다음과 같이 답했다고 한다.

"아니, 대단히 특색이 있는 수입니다. $1729 = 10^3 + 9^3 = 12^3 + 1^3$입니다. 두 개의 세제곱 수의 합으로 나눌 수 있는 최초의 수입니다."

이쯤 되면 전화번호도 함부로 붙일 수가 없을 것 같다.

4
배수와 약수의 성질

약수와 배수는 가령 자손과 조상의 사이처럼, 서로 역의 관계에 있다. 정수 사이에는 약수·배수의 관계가 있는 것과 없는 것이 있다.

최소공배수와 최대공약수 (1)
십간십이지와 호제법

공통의 배수, 즉 공배수의 가장 오래된 예는 '십간십이지(十干十二支)'일 것이다. 이 십간십이지는 옛날부터 중국에서 전해진 것으로, 지금도 우리나라에서 사람 나이를 말할 때, '갑자생(甲子生)'이니 '무술생(戊戌生)'이니 하는 말을 자주 쓴다.

이때 사용하는 십간십이지는 다음과 같다.

십간	갑(甲)	을(乙)	병(丙)	정(丁)	무(戊)
	기(己)	경(庚)	신(辛)	임(壬)	계(癸)

십이지	자(子)	축(丑)	인(寅)	묘(卯)
	진(辰)	사(巳)	오(午)	미(未)
	신(申)	유(酉)	술(戌)	해(亥)

십간은 10년에 한 번, 그리고 십이지는 12년에 한 번 되돌아오게 되어 있다. 그렇다면 '갑자(甲子)'해가 한 번 지난 다음에 다시 돌아오려면 몇 년 후가 될까?

'갑'은 10년에 한 번 돌아오기 때문에 10의 배수이고, '자'는 12의

배수가 된다. 따라서 '갑자'는 10과 12의 공통의 배수가 되는 수만큼 해가 지나고 다시 찾아온다. 즉,

십간 : 10, 20, 30, 40, 50, (60), 70, 80, 90, 100, 110, (120), …

십이지 : 12, 24, 36, 48, (60), 72, 84, 96, 108, (120), 132, …

이 중에서 공통의 수를 찾으면 먼저 60이 눈에 띈다. 60은 10과 12의 공통의 배수 중에서 가장 작은 것이다. 즉 최소공배수이다. 만 60세를 환갑이니 회갑이니 하는 것은 이런 뜻에서이다.

그다음에 '갑자'의 해가 찾아오는 것은 120년째, 다음에는 180년째, … 그러니까 10과 12의 공배수는 60, 120, 180, 240, …과 같이 60의 배수가 된다. 이러한 규칙이 있기 때문에, 공배수를 구할 때는 먼저 최소공배수를 찾아서 그 배수를 구하면 된다.

공배수 중에서는 가장 작은 최소공배수가 중요하다면, 공통의 약수, 즉 공약수에서는 반대로 가장 큰 최대공약수가 중요하다. 공약수에서는 최소의 것이 언제나 1이어서 별로 의미가 없기 때문이다.

두 정수의 최대공약수를 찾기 위해서는, 예를 들어, 두 수가 21, 48이라고 하자.

우선 다음 그림 ❶처럼 가로가 48, 세로가 21인 직사각형을 생각하여, 이 직사각형으로부터 되도록 큰 정사각형을 잘라낸다.

그러면 그림 ❷에서처럼 한 변의 길이가 21인 정사각형 2개를 베어낼 수 있다. 나머지는 세로가 21, 가로가 6인 직사각형이 된다. 여기서도, 또 처음과 같이 정사각형을 잘라낸다. 이렇게 계속하면 마침내는 한 변이 3인 정사각형을 2개 베어내게 된다.(그림 ❸) 이 3이 6, 21, 48의 공약수가 된다는 것은 말할 나위도 없을 것이다. 3보다 큰

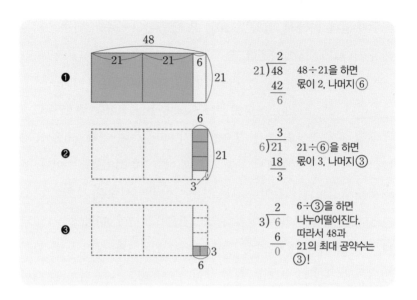

정수는 6과 21의 공약수가 아니며, 또 21과 48의 공약수도 아니다. 요컨대 3보다 큰 정수 중에는 21과 48의 공약수는 존재하지 않는 것이다.

이처럼 서로 나누어 가면서 마침내 나누어떨어지지 않게 될 때의 수가 최대공약수임을 알 수 있다.

이와 같이 두 정수로 서로 나누어 가는 계산법을 '호제법(互除法, 서로 나누는 방법)'이라고 부르는데, 이것 역시 유클리드의 책에 이미 소개되어 있다.

여러분이 학교에서 익힌 호제법이라는 것은 기계적인 계산절차만 배운 것일 텐데, 그렇게 하면 왜 최대공약수를 얻을 수 있는가에 대한 증명은 이미 2,300년 전에 나와 있다.

최소공배수와 최대공약수(2)
최소공배수와 최대공약수의 관계

수학에서는 가능한 한 모든 것을 기호로 나타낸다. 앞에서 살펴본 최대공약수도 기호로 나타낼 수 있다. 예를 들어 두 정수 a, b의 최대공약수를 기호로 나타내면 다음과 같다.

$$(a,\ b)$$

이 식에 따라 두 정수 21과 48의 최대공약수를 기호로 나타내 보자.

$$(21,\ 48)=3$$

앞의 직사각형(가로 48, 세로 21인 직사각형)의 가로, 세로를 각각 2배 하면 96과 42가 되지만, 정사각형을 베어내는 절차는 여전히 같고, 결국 마지막에 베어내는 정사각형의 변도 2배가 되기 때문에, 3의 2배인 6이어야 한다. 따라서,

$$(42,\ 96)=2(21,\ 48)=2\times3=6$$

이 된다. 이것을 일반식으로 나타내면

$$(ac,\ bc)=c(a,\ b)$$

가 된다. 이것은 두 수의 최대공약수는 두 수를 임의의 공약수로 나눈 몫의 최대공약수에 그 공약수를 곱한 것과 같음을 뜻한다.

최대공약수를 이용하여 최소공배수를 구할 수도 있는데, 그러기 위해서는 둘 사이의 다음 관계를 알면 된다.

|**정리1**| 두 수의 최대공약수와 최소공배수의 곱은 이 두 수의 곱과 같다.

두 수 a, b의 최대공약수와 최소공배수가 각각 G, L일 때, 이것을 식으로 나타내면 아래와 같다.

$$G \times L = a \times b$$
$$L = \frac{a \times b}{G}$$

즉, 최대공약수 G를 알면 최소공배수는 간단히 구할 수 있다. 예를 들어, 두 수 21, 48의 최대공약수는 3이기 때문에 위의 식에 대입하면 최소공배수 L은,

$$L = \frac{21 \times 48}{3} = 336$$

이것은 학교에서 이미 배운 바 있는 소인수분해(소수끼리의 곱)를 쓴 다음 방법과 내용적으로는 똑같다.

$$21 = 3 \times 7$$
$$48 = 3 \times 2 \times 2 \times 2 \times 2$$
$$3 \times 7 \times 2 \times 2 \times 2 \times 2 = 336$$

즉, 21과 48을 각각 소인수분해하여, 공통인 소인수와 공통이 아닌 소인수를 모두 곱해서, 이 두 수의 최소공배수를 구하는 것과 같다. 이 정리1은 다음 정리로부터 얻어진다.

|증명| 세 수 ab, bn, n의 최대공약수 (ab, bn, n)을 생각해 보자.

이 중, 처음의 두 수 ab, bn의 최대공약수는

$$(ab, bn)=b(a, n)=b \cdot 1=b$$

따라서 (ab, bn, n)은 b와 n의 최대공약수, 즉

$$(ab, bn, n)=(b, n) \cdots (1)$$

그런데 ab, bn도 n의 배수이기 때문에,

$$(ab, bn, n)=n \cdots (2)$$

(1), (2)에 의해 $(b, n)=n$

따라서 b는 n으로 나누어떨어진다.

또, 이 정리2를 이용하면 다음 정리를 증명할 수 있다.

|증명| a와 b의 최소공배수는 당연히 a의 배수이기 때문에 ac와 같이 나타낼 수 있다. 이것은 또 b로 나누어떨어지기 때문에, c는 b로 나누어떨어진다. (a는 b의 배수가 아니기 때문에!)

즉 c는 b의 배수이므로 $c=b$. 결국 $ac=ab$.

증명을 거치지 않고 얻은 결과만의 지식은 수학이 아니다.

이 정리로부터, 처음에 내걸었던 정리1은 다음과 같이 쉽게 끌어낼 수 있다.

두 수 a, b의 최대공약수를 G, 최소공배수를 L이라고 하면,

$\dfrac{L}{G}$은 $\dfrac{a}{G}, \dfrac{b}{G}$의 최소공배수.

$\dfrac{a}{G}$와 $\dfrac{b}{G}$는 서로소.

따라서 $\dfrac{a}{G}$와 $\dfrac{b}{G}$의 최소공배수는 정리3에 의해서 $\dfrac{a}{G} \cdot \dfrac{b}{G}$

즉 $\dfrac{L}{G} = \dfrac{a}{G} \cdot \dfrac{b}{G}$

양변에 $G \cdot G$를 곱하면 $GL = ab$가 된다.

곱셈구구의 비밀
구구단 속에 담긴 재미있는 수의 성질

'곱셈구구'라고 하면 초등학교 때 아무 뜻도 모르면서 외었던 기억이 되살아나서, 그저 맛도 멋도 없는 암산용의 계산표 정도로 여기는 사람이 대부분이다. 그러나 알고 보면 재미 없기는커녕 아주 흥미진진한 성질을 가지고 있다. 자, 이제부터 '구구'라는 평범한 겉치레 속에 숨은 기막힌 '지혜의 보고'를 탐험해 보자.

먼저 2의 배수부터 생각해 보자. 2의 배수들의 끝숫자는,

2, 4, 6, 8, 0, 2, 4, 6, 8, 0

즉 0, 2, 4, 6, 8이 두 번 되풀이되며 1, 3, 5, 7, 9라는 숫자는 한 번도 나타나지 않는다.

이번에는 3의 배수에 대해서 알아보면, 끝수는 각각

3, 6, 9, 2, 5, 8, 1, 4, 7, 0

과 같이, 0부터 9까지의 숫자가 반복되지 않고 모두 등장한다. 같은 일이 7이나 9, 그리고 1의 배수에서도 벌어진다.

7의 배수: 7, 4, 1, 8, 5, 2, 9, 6, 3, 0
9의 배수: 9, 8, 7, 6, 5, 4, 3, 2, 1, 0

$$\text{1의 배수: } 1, 2, 3, 4, 5, 6, 7, 8, 9, 0$$

요컨대 2, 4, 5, 6, 8의 구구표에서는 끝수가 되풀이되지만 1, 3, 7, 9인 경우에는 반복이 없고 모든 숫자가 나온다. 왜 이러한 차이가 생기는 것일까? 이것이 이제부터 생각해야 할 문제이다.

두 수가 공통의 소수를 가지지 않을 때, 이 두 수를 '서로소'라고 부른다. 예를 들어 보자.

$$24 = 2 \times 2 \times 2 \times 3, \quad 35 = 5 \times 7$$

두 수 24와 35는 공통의 소수를 인수로 가지지 않기 때문에 서로소이다. 여기서 주의할 것은 24, 35는 둘 다 소수가 아니라는 점이다. 그러니까 '서로소'의 관계는 두 수가 소수가 아니어도 성립하는 것이다.

역으로 $10 = 2 \times 5$와 소수인 5는 공통의 소수 5를 가지고 있기 때문에 서로소가 아니다. 요컨대, '서로소'의 '소'는 소수와는 직접 관계가 없다.

또, 1은 어떤 수와도 서로소의 관계에 있지 않다. 1은 아예 소인수 분해가 되지 않는다!

1단, 3단, 7단, 9단의 경우, 모든 숫자가 한 번씩 끝수로 나타나는 이유는 이들 수, 즉 1, 3, 7, 9가 모두 $10(=2 \times 5)$과 서로소의 관계에 있기 때문이다. 그러나 2, 4, 6, 8은 그렇지 않다. 이것을 증명하면 다음과 같다.

가령 7의 배수의 경우, 모든 숫자가 한 번씩 나타나지 않는다고 가정해 보자(귀류법!). 그러면 적어도 하나의 숫자가 두 번은 나타나야 한다. 즉, 두 개의 7의 배수의 끝수가 같아져야 한다. 이 경우 이 두 수의 차의 끝수는 0이 되어야 한다. 이것은 7을 몇 배인가 하면(물론 10배 미만) 10의 배수가 된다는 것을 뜻한다.(7의 배수의 차는 역시 7의 배수!) 그러나 7의 배수(10배 미만의)가 10(＝2×5)의 배수가 되는 일은 없다. 따라서 처음의 가정이 잘못되어 있음을 알 수 있다.

그러나 10과 공통의 인수를 갖는 2, 4, 6, 8의 경우에는 이러한 논법이 성립하지 않는다.

'출세'와 '성공'은 다르다. 출세란 세상 사람들이 알아주는 명예, 권력, 재산과 같이 외형적인 가치를 누리는 것을 가리키지만, 성공은 비록 겉으로 나타나는 일은 없다 해도 자신의 뜻이 이루어지는 것을 말한다. 그렇기 때문에 사회적 지위, 재산, 심지어 옷차림 정도를 보는 것만으로는 그 사람의 성공 여부를 점칠 수 없다. 한편 출세는 행운이 따르지만 성공은 오직 그 사람의 노력 여하에 달려 있다. 물론 출세도 하고 성공도 하는 복 많은 사람도 있기는 하지만, 출세한 수학자라면 수학사전에 이름이 실리거나 정리나 수학용어에 그 이름이 올라 있는 사람일 것이다. 이런 영광을 누리는 수학자는 대부분이 성공한 사람일 테지만, 요행히 출세만 한 사람도 있다.

벤(J. Venn, 1834~1923)이라는 사람의 경우가 그 예가 될 것이다. 그는 수학상의 다른 업적이 전혀 없는데도 '벤 다이어그램'이라는 별것도 아닌 도안 하나로 그 이름을 남기는 행운을 안게 되었으니 말이다.

이 벤 다이어그램을 사용하면 $A \subset B$라는 관계를 그림과 같이 한

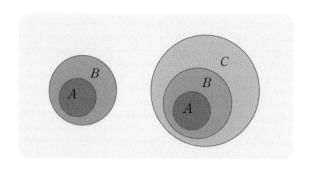

눈에 알아볼 수 있게 나타낼 수 있다.

그리고 $A \subset B$, $B \subset C$이면, $A \subset C$라는 관계도 쉽게, 그리고 누가 봐도 금방 알아보도록 나타낼 수 있다.

핫세(H. Hasse, 1898~1979)는 벤과는 달리 수학상으로도 업적을 남겼지만, 일반 사람들에게는 '핫세의 도식'이라는 것과 함께 그 이름이 널리 알려져 있다.

약수와 배수는 가령 자손과 조상의 사이처럼, 서로 역의 관계에 있다. 정수 사이에는 약수·배수의 관계가 있는 것과 없는 것이 있다. 그 관계를 한눈에 알 수 있도록 그림으로 나타내는 방법에 관해서 알아보자.

다음 그림은 1부터 12까지의 정수 사이의 약수·배수 관계를 나타낸 것이다. 아래쪽으로 선을 따라가면 약수, 위쪽으로 가면 배수가 된다.

이와 같이 약수·배수 관계를 선분을 이어서 나타낼 수 있는 것은 배수의 배수는 처음 수의 배수, 그러니까 약수의 약수는 처음 수의 약수라는 성질이 있기 때문이다. 이러한 약수·배수 사이의 관계를 한눈에 알아볼 수 있게 해주는 그림을 '핫세의 도식'이라 한다.

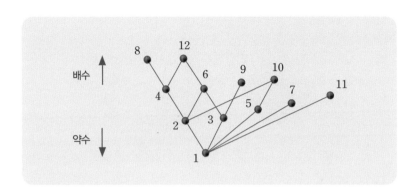

이 방법을 이용하면 마치 자석으로 땅속에 묻힌 쇠붙이를 끌어올리는 것처럼 약수·배수 관계를 훤히 찾아낼 수 있다. 예를 들면, 20과 30의 약수 사이의 관계는 핫세의 도식으로는 각각 다음과 같이 나타낼 수 있다.

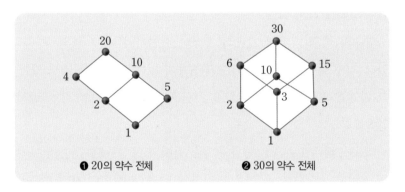

❶ 20의 약수 전체   ❷ 30의 약수 전체

이것뿐만 아니라, 핫세의 도식은 또 다음과 같은 기막힌 쓰임새가 있다.

다음 그림에서 큰 글자로 나타낸 수 1, 3, 7, 21은 공통의 약수, 즉 두 수 105와 126의 공약수이고, 이 중 최대인 21이 최대공약수이다.

최대공약수 21은 모든 공약수의 배수로 되어 있다. 일반적으로 두

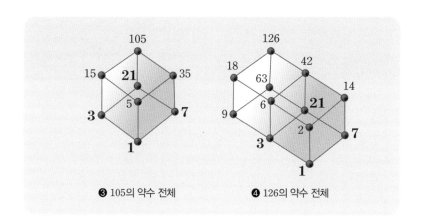

❸ 105의 약수 전체   **❹** 126의 약수 전체

정수의 최대공약수는 공약수 중에서 최대일 뿐만 아니라, 모든 공약수의 배수이기도 하다.

따라서 두 수의 공약수와 두 수의 최대공약수의 약수는 같다는 것을 핫세의 도식으로 쉽게 알 수 있다.

소인수분해와 소수
그 이상 작은 수의 곱으로 분해할 수 없는 자연수

앞에서도 '소수'라는 말을 사용했으나, 여기서부터는 이 '소수'에 대해 본격적으로 생각해 보자.

잘 알다시피 모든 자연수는 1을 차례로 더해서 얻은 수이다. 따라서 덧셈을 중심으로 생각하면 모든 자연수는 1로부터 이루어졌다고 할 수 있다. 즉 1의 합으로 나타낼 수 있다.

$$6 = \overbrace{1+1+1+1+1+1}^{6개}$$
$$9 = \overbrace{1+1+1+1 \cdots +1}^{9개}$$
$$12 = \overbrace{1+1+1+1+1 \cdots +1}^{12개}$$

그러나 곱셈을 중심으로 생각하면 그렇지가 않다. 자연수를 차례로 작은 수의 곱으로 분해해 가면 마침내는 그 이상 나누어지지 않게 된다. 예를 들어 보자.

$$6 = 2 \times 3$$
$$9 = 3 \times 3 = 3^2$$
$$12 = 2 \times 2 \times 3 = 2^2 \times 3$$

이처럼 곱셈을 중심으로 하여 생각하면 2, 3, 5, 7, … 등은 그 이상 작은 자연수로 분해할 수가 없다.

이러한 수, 즉 '그 이상 작은 수의 곱으로 분해할 수 없는 자연수'를 소수라고 한다. 그러니까 소수는 곱셈의 세계에서의 원자라고 할 수 있다. 덧셈의 세계의 원자는 1뿐이지만, 곱셈의 세계의 원자인 소수는 2, 3, 5, … 등으로 아주 많다. 아니, 무한히 많다.

이 '무한'은 '무수'와는 다르다. '무수'라는 표현은 흔히 아주 많은 상태를 강조하기 위해서 쓰인다. 밤하늘에 반짝이는 별들, 바닷가의 모래알, 창고에 가득히 쌓인 곡식의 낟알, … 등의 개수는 '무수히 많다'는 말로 표현되지만, 끈기 있게 셈하여나가면 한 사람의 힘으로 안 될 때 다음 사람, 또 그다음 사람이 셈한다면 언젠가는 모두 셀 수 있게 된다.

그러나 무한은 그렇지가 않다. 무한히 많은 수는 이 세상 사람들 모두의 힘을 빌린다 해도 결코 셈이 끝나지 않는 수이다. 이렇게 엄청나게 많은 소수가 있다는 것을 증명한 유클리드는 참으로 위대한 사람이다.

여기서 다시 소수가 무한히 많다는 것을 증명한 유클리드의 방법에 대해서 생각해 보면, 그는 처음에 소수가 유한개뿐이라고 가정하여, 결과적으로 이 가정을 뒤집어 엎음으로써, 그 반대, 즉 '소수는 무한'이라는 결론에 도달하였다.

이 증명 방법은 앞에서 이미 설명한 바 있는 '귀류법'을 쓴 것이다. 이 귀류법이 이렇게 오래전부터 수학에서 빼놓을 수 없는 증명 방법으로 쓰였다는 사실에 주목할 필요가 있다. 그리고 한국을 포함한 동양권의 수학에서는 이 방법이 쓰인 적이 없었다는 사실에 대해서도 말이다.

소수가 무한이라고 해도 그것들이 어떻게 분포되어 있는가가 문제가 된다. 이 분포 상태는 아주 변덕스럽다. 가령 90과 100 사이에는 97 하나뿐이지만, 100과 110 사이에는 101, 103, 107, 109라는 4개의 소수가 있다.

얼핏 변덕스럽게 보이는 이 소수의 분포를 깊숙이 파헤쳐 보면 어떤 법칙에 의해 지배받고 있지나 않을까 하는 것이 수학자들의 관심거리이기도 하다. 무엇보다도 소수를 계통적으로 찾아내는 방법이 필요한데, 그 간단한 방법 중의 하나가 뒤에서 이야기하게 될 '에라토스테네스의 체'이다.

인간 개개인에게 독특한 성격이 있는 것처럼, 수에도 개성이 있다. 그중에서도 유별난 것이 '소수'이다. 소수란 '1과 자기 자신 이외에는 약수를 갖지 않는 양의 정수(즉, 자연수)'를 말한다.

1은 1과 자기 자신(즉, 1) 이외에는 약수를 갖지 않으므로 소수라고 해야 옳을 것 같지만, 소수로 간주하지 않는다. 이 사실은 후에 설명하겠지만, 1을 소수로 간주하면, 어떤 수를 소인수분해 해도 반드시 1이 포함된다는 번거로움이 생기기 때문이다.

따라서 소수는 2, 3, 5, 7, … 등이다. 이것들을 소수라고 부르는 이유는 더 이상 작은 수로 분해할 수 없는 기본적인 수이기 때문이다.

소수를 찾아내는 방법으로 아주 오랜 옛날인 그리스 시대부터 알려진 '에라토스테네스의 체'라는 것이 있다. 에라토스테네스(Eratosthenes, BC 275?~BC 194?)는 그리스 수학자의 이름이다.

1부터 100까지의 수를 가로, 세로 10개의 선이 쳐진 체에 차례로 배열한 다음, 먼저 2는 소수이므로 남겨 두고, 2보다 큰 수로서 2로 나누어지는 수, 즉 4, 6, 8, 10, 12, … 등을 걸러내 보자. 2 다음의 3

도 소수이므로 남겨 두고, 3보다 큰 수로서 3으로 나누어지는 수 6, 9, 12, 15, … 등을 걸러낸다. 3 다음의 소수는 5이다. 4는 2의 배수이기 때문에 이미 걸러져서 없다. 그래서 5의 배수 10, 15, 20, 25, … 등을 걸러낸다.

이 작업을 계속하면 마침내 소수만이 남는다. 마치 체로 작은 돌을 걸러내듯, 소수가 아닌 수를 걸러내고 소수만을 남긴다는 뜻으로 이 방법을 '에라토스테네스의 체'라고 부른 것이다.

이 방법을 쓰면, 1부터 100까지, 또 100부터 1000까지 사이의 소

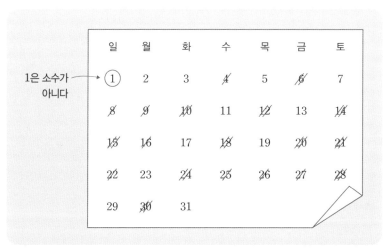

	일	월	화	수	목	금	토
1은 소수가 아니다 →	①	2	3	4̸	5	6̸	7
	8̸	9̸	1̸0̸	11	1̸2̸	13	1̸4̸
	1̸5̸	1̸6̸	17	1̸8̸	19	2̸0̸	2̸1̸
	2̸2̸	23	2̸4̸	2̸5̸	26	27	2̸8̸
	29	3̸0̸	31				

한 개의 선으로 그어진 것은 한 소수의 배수, 두 개로 그어진 것은 두 개의 소수의 배수, 선이 그어져 있지 않은 것이 소수.

수를 골라낼 수 있다. 하기야 일일이 그렇게 하려면 많은 시간이 필요하겠지만 컴퓨터가 있기 때문에 작업을 빨리 진행할 수 있다.

그러나 컴퓨터의 도움을 받는다 해도 소수가 얼마나 있는지, 무한히 많은지 어떤지에 대해서는 컴퓨터가 말해주지 않는다. 이것은 기계가 아닌 인간이 생각해야 할 문제이다.

이 문제에 대해서는 이미 2,300년 전에 유클리드가 "소수는 무한히 많다"는 사실을 증명해 놓았다. 그는 그 이유를 이렇게 밝혔다.

|증명| 가령 소수의 개수가 유한개, 그러니까 아무리 많다고 해도 끝이 있다고 하자. 그렇다면 그 소수를 전부 곱한 것에 1을 더한 수는 소수일까 아닐까? 소수이다.

왜냐하면, 이 수는 어떤 소수로 나누어도 1이 남는 수, 즉 소수로

나누어떨어지지 않는 수이기 때문이다. 따라서 지금까지의 어떤 소수와도 다른 새로운 소수이다. 그러므로 또 하나의 소수가 만들어진 셈이다. 이것까지 포함해서 모든 소수를 곱했다고 하자. 그런데 이것에 1을 더한 수는 또 새로운 소수가 된다. 이렇게 따지면, 아무리 해도 소수의 창고는 바닥이 나지 않는다. 그래서 처음의 가정, 즉 소수가 유한개 있다고 가정한 것이 잘못된 일이었음을 알 수 있다. '유한'이라는 것이 틀렸다면 유한이 아닌 것, 즉 '무한'이라는 답이 나와야 한다.

실제로 유클리드가 쓴 방법으로 소수를 만들어보자.

$$2 \times 3 + 1 = 7$$
$$2 \times 3 \times 5 + 1 = 31$$
$$2 \times 3 \times 5 \times 7 + 1 = 211$$

이와 같이 이전의 소수를 모두 곱한 것에 1을 더한 수 7, 31, 211 은 모두 소수이다.

또 211까지의 모든 소수를 한꺼번에 곱한 것에 1을 더한 수 역시 소수이다.

그러나 소수가 무한히 많다는 사실을 알았다고 해도, 실제로 소수를 차례차례 찾아내는 데는 아무런 도움이 되지 않는다.

가령 앞에서 이야기한 대로 2, 3, 5, 7로부터 211이라는 소수를 만들었으나 7과 211 사이에 있는 소수 11, 13, 17, 19, … 등을 찾아낸 것은 아니다. 아직까지도 소수를 차례대로 빠짐없이 찾아내는 방법은 밝혀지지 않고 있다.

소수들 사이에 전체적으로 어떤 관계가 있는지는 아직 알려져 있지 않지만, 재미있는 몇 가지 성질이 일찍부터 발견되어 있다.

우선 2를 제외한 소수는 모두 홀수라는 것, 그리고 홀수에 1을 더하면 짝수가 되므로, 2보다 큰 소수와 그다음 소수와의 차는 2 이상이라는 것이 그 예이다.

그중에는, 차가 2인 다음과 같은 소수의 쌍이 있다.

$$(3, 5), (5, 7), (11, 13), (17, 19), (29, 31),$$
$$(41, 43), (59, 61), (71, 73), (101, 103), (107, 109)$$

이들 10개의 쌍과 같은 소수 쌍을 '쌍둥이 소수'라고 부른다.

아직도 "쌍둥이 소수는 무한히 많은 것이 아닌가?"라는 의문에 대한 확실한 답을 내놓지는 못하고 있다. 이처럼 겉보기에는 아주 간단한 것 같으면서도 2천 년 이상이나 수학자들의 머리를 썩여왔던 것이 소수 세계의 신비이다.

소수에 관한 수수께끼(1)
소수의 개수와 소수를 나타내는 식

수가 커짐에 따라 소수의 개수가 점점 적어진다는 것은 아래의 표를 보면 쉽게 짐작할 수가 있다. 그러나 감소의 상태는 불규칙적이다. 게다가 그 불규칙성은 구간의 폭이 좁을수록 심하다.(아래의 *표 부분 참조)

그래서 다음과 같은 문제가 제기된다.

"어떤 수 x까지의 소수의 개수를 나타내는 공식을 만들 수가 있는가?"

구간	소수의 개수
1~250	53
251~500	42
501~750	37
751~1000	36
1001~1250	36
1251~1500	35
*　　1~50	15
501~550	6
1001~1050	8

이에 대한 답으로, 가우스(C. F. Gauss, 1777~1855), 르장드르(A. M. Legendre, 1752~1833) 등의 근사공식이 나와 있다.

르장드르의 공식의 정밀성은, x가 커짐에 따라 두드러지게 나타난다.

$$N(x) = \frac{x}{\log x - 1.08364}$$

(단, $\log x$는 $e = 2.71828\cdots$을 밑으로 하는 x의 자연 로그이고, $N(x)$는 1과 x 사이의 소수의 개수)

x	10	100	1000	10000	100000
르장드르의 $N(x)$	8.20	28.40	171.70	1230.51	9588.38
$N(x)$의 참값	4	25	168	1229	9592

그 후, 이 문제는 리만(B. Riemann, 1826~1866), 디리클레(P. Dirichlet, 1805~1859), 아다마르(J. Hadamard, 1865~1963) 등에 의해서도 이론적으로 연구되었으며, 특히 체비쇼프(P. Chebyshov, 1821~1894)의 연구는 성과가 컸다.

소수에 관한 중요한 연구로, 이 밖에 소수만을 나타내는 공식을 구하는 문제가 있다는 것은 앞에서 이미 이야기하였다.

디리클레는 초항 r과 공차 m이 서로소의 관계에 있는 등차수열 $r, r+m, r+2m, \cdots$의 항 중에는 무한히 많은 소수가 존재한다는 것을 밝혔지만, 이 수열은 소수 이외의 합성수도 무한히 포함하고 있다.

오일러는 $x^2 + x + 41$이라는 식이 $x = 0, 1, 2, \cdots, 39$일 때는 소수

를 나타내지만, $x=40, 41$인 경우에는 합성수가 된다는 사실을 지적하였다. 또 페르마는 식 $2^{(2n)}+1$은 항상 소수가 된다고 주장했지만, $n=5$일 때 $4294967297(=641 \times 6700417)$인 합성수가 된다는 사실이 오일러에 의해 밝혀졌다. 알고 보면, $n=6, 7, 8, \cdots, 19$일 때에도 이 식의 값은 소수가 아니다. 요컨대 페르마의 식 $2^{(2n)}+1$은 $n=0, 1, 2, 3, 4$ 이외의 어떤 수일 때에 소수가 되는지는 아직 미해결의 문제로 남아 있다.

이처럼 일류 수학자들이 너나없이 소수의 연구에 열을 올린 것은 이 연구가 어떤 현실적인 문제와 관련이 있었던 탓이 아니고, 다만 해결을 기다리는 문제가 수학자들의 눈앞에 있다는 이유 때문이었다. 좀 엉뚱하게 들릴지 모르나, 이 점에서 수학자는 높은 산을 정복하는 등산가와 비슷한 데가 있다. 비싼 장비를 들이고 게다가 목숨까지 거는 모험을 해서 뭘 얻겠다는 건가? 무슨 노다지를 캐는 것도 아니고 출세를 위한 것도 건강에 특히 좋은 것도 아닌데……. 이런 핀잔을 들어가면서도 등산가는 에베레스트산을 정복한 힐러리 경의 말처럼, 단지 '눈앞에 (정복을 기다리는) 산이 있기 때문에' 산을 오를 뿐이다. 수학자의 심정도 이 알피니스트와 똑같은 것이다.

완전수가 될 수 없는 소수
미신을 학문으로 세운 유클리드

소수는 결코 완전수가 되지 않는다는 것은 간단히 알 수 있다. 3의 약수는 자신을 제외하면 1뿐이고, 5도, 7도, … 약수는 모두 1뿐이기 때문이다.

소수의 제곱, 가령 $3^2=9$는 약수가 1과 3뿐이기 때문에 완전수가 아니다. 요컨대 소수는 몇 제곱을 해도 완전수가 되지 않는다. 이 증명은 계산이 번거롭기 때문에 생략한다.

유클리드는 이런 식으로 계속 따져서 2^n-1(n은 2보다 큰 정수)이 소수이면,

$$2^{n-1} \times (2^n-1)$$

이 완전수가 된다는 것을 증명하였다.

이 공식에 의해서 셈하여 보면,

$$n=2, 3, 5, 7, 13, 17, 19, 31, 61$$

일 때, 2^n-1은 각각

$$3, 7, 31, 127, 8191, 131071, 524287,$$
$$2147483647, 2305854009213693951$$

이것들도 모두 소수이다. 그래서 2^{n-1}에 (2^n-1)을 곱하여 다음과 같은 완전수를 얻을 수 있다.

6, 28, 496, 8128, 33550336, 8589869056, 137438691328,
2305843008139952128, 2658455991569831744654261595953842176

'완전수'라는 이름을 붙인 사람은 유클리드이다. 한낱 미신이나 소일거리에 지나지 않았던 수의 이야기 속에서 수의 이론을 바로 세운 유클리드야말로 진정한 의미의 수학자였다.

혼합물이란 몇 가지 물질이 뒤섞여 이루어진 물질을 말한다. 따라서 혼합물의 내용, 즉 혼합물이 어떤 물질들로 이루어져 있는가를 알 수 있으면, 그 혼합물로 인하여 일어나는 여러 가지 현상을 설명할 수 있게 된다.

수학에서의 인수분해도 이와 같은 구실을 하고 있다. 인수분해란 차수가 높은 다항식을 1차식의 곱으로 분해하는 것을 말한다. 이때 생기는 1차식을 '인수'라고 부른다. 그러니까 인수분해란 문자 그대로 다항식을 인수로 분해한다는 뜻이다.

예를 들어, 다음과 같은 방정식이 있다.

$$x^4 - 5x^3 + 5x^2 + 5x - 6 = 0$$

이 방정식의 좌변의 4차식을 인수분해해 보자.

$$(x-1)(x-2)(x-3)(x+1) = 0$$

이 식이 0이 되기 위해서는, 네 개의 인수 중 적어도 어느 하나가

가우스 | 대수학의 기본 정리를 발견하여
'수학의 제왕'이라고 일컬어진다.

0이 되어야 하기 때문에,

$$x=1, x=2, x=3, x=-1$$

중의 어느 것인가가 성립해야 한다. 즉, 이들이 위 방정식의 답이 된다.

'수학의 제왕'이라고 일컬어지는 수학의 천재 가우스는 "모든 다항식은 1차식과 2차식으로 인수분해할 수 있다"라는 유명한 정리(대수학의 기본 정리)를 발견했지만, 유감스럽게도 어떻게 하면 인수분해할 수 있는가 하는 방법은 제시하지 않았다. 따라서 실제로 인수분해할 때 부딪히는 어려움은 여전히 해결되지 못한 채 있다.

이 인수분해는 정수의 '소인수분해'와 이름이 비슷한데 사실은 내용도 같다.

소인수분해란, 예를 들어

$$540 = 2^2 \times 3^3 \times 5$$

와 같이 정수를 소수의 곱으로 분해하는 것으로, 이와 같이 정수를 소인수분해하면 공배수를 찾는다든지 약분할 때 아주 편리하다. 마치 다항식을 인수분해할 수 있으면, 그 다항식을 0으로 만드는 방정식의 근을 쉽게 찾아낼 수 있는 것처럼 말이다.

다시 말하지만, 다항식의 인수분해와 정수의 소인수분해는 똑같은 것이며, 다만 '다항식'과 '정수'라는 차이가 있을 뿐이다. 그래서 수학자들은 인수분해와 소인수분해를 하나로 묶어서 '소인자(素因子) 분해'라고 부르기도 한다.

이 인수분해 없이는 차수가 높은 다항식의 방정식이나 부등식은 거의 풀 수가 없다. 2차식이라면 2차방정식의 근의 공식을 이용할 수 있지만, 차수가 그 이상 높아지면 인수분해의 기술이 필요해진다.

소인수분해의 일의성
소수로 분해하는 방법은 오직 한 가지뿐

어떤 수를 소수 2, 3, 5, 7, … 중 어느 것으로 나누어도 떨어지지 않을 때 이 수를 소수라고 한다. 만일 나누어떨어진다면 그 몫을 나누고 또 나누면, 마침내는 소수가 남는다. 2520을 예로 들어보자.

$$2520 \div 2 = 1260, \ 1260 \div 2 = 630, \ 630 \div 2 = 315,$$
$$315 \div 3 = 105, \ 105 \div 3 = 35, \ 35 \div 5 = 7$$

따라서, 2520을 다음과 같이 소수의 곱으로 나타낼 수 있다.

$$2520 = 2 \times 2 \times 2 \times 3 \times 3 \times 5 \times 7 = 2^3 \times 3^2 \times 5^1 \times 7^1$$

여기서 곱하는 순서를 무시해서 생각한다면, 2520을 소수의 곱으로 나타내는 방법은 이 한 가지뿐이다. 주어진 양의 정수를 이와 같이 소수의 곱으로 나타내는 것을 그 수의 '소인수분해'라고 한다는 것은 앞에서도 이야기하였다. 그런데 2, 3, 5, 7이라는 수는 2520이라는 수에 의해서 (순서를 무시하면) 꼭 한 가지, 즉 '일의적(一意的)'으로 정해지고 이것들에 대응하는 지수 3, 2, 1, 1이라는 수도 일의적으로 정해진다.

이 사실을 정리의 형태로 나타내면 다음과 같이 된다.

1보다 큰 정수 a는 소수의 곱으로 분해할 수 있으며,
이 분해의 결과는 (순서를 무시하면) 오직 한 가지뿐이다.

이것을 '초등정수론의 기본정리'라고 부른다.

1은 소수 중의 소수, 즉 가장 대표적인 소수라고 말하고 싶은 수인
데도 소수 취급을 하지 않은 것은, 그렇게 하면 이 소인수분해의 일
의성이 성립하지 않기 때문이다. 만일 1이 소수라면, 예를 들어

$$10 = 2 \times 5 = 1 \times 2 \times 5 = 1 \times 1 \times 2 \times 5 = \cdots\cdots$$

과 같이 무한히 많은 소인수분해를 할 수 있게 되어 일이 번거로워
진다.

이 '소인수분해의 일의성'의 정리를 정수론의 '기본정리'라고 부르
는 까닭은, 이 정리가 여러 가지 면에서 아주 요긴하게 쓰이기 때문
이다. 가령 $\dfrac{a}{b}$라는 분수가 있을 때, 분자·분모에 공통의 소인수가 있
으면, 이것으로 약분해서 가장 간단한 꼴로 만들 수 있다.

또 같은 분수를 아무리 곱해 봐도, 분모·분자에 새로운 소인수가

'소인수분해의 일의성'의 증명

귀류법을 써서 증명해 보자.
즉, 어떤 수를 두 가지로 소인수분해할 수 있다고 가정하여, 거기서 모순을 끌어냄으로
써 결국 일의성이 성립한다는 것을 증명한다.

어떤 수 N이 다음과 같이 두 가지 형태로 소인수분해되었다고 가정하자.

$$N \begin{cases} a_1 \cdot a_2 \cdot \ \cdots \ \cdot a_3 & \cdots\cdots \ ❶ \\ b_1 \cdot b_2 \cdot \ \cdots \ \cdot b_3 & \cdots\cdots \ ❷ \end{cases}$$

이 두 식에는 공통인 소수가 없다는 것으로 한다. 만일 있으면, 그 소수, 또는 소수의
곱으로 나누고 '기약'인 식으로 만든다.
두 식의 최소의 소인수를 각각 a_1, b_1이라고 하면, ❶, ❷는 각각

$$a_1 \cdot A$$
$$b_1 \cdot B$$

의 꼴로 나타낼 수 있다. ❶, ❷에서 a_1, b_1의 곱 $a_1 \cdot b_1$을 각각 빼면

$$a_1 A - a_1 b_1 = a_1 (A - b_1) \quad \cdots\cdots \ ❶'$$
$$b_1 B - a_1 b_1 = b_1 (B - a_1) \quad \cdots\cdots \ ❷'$$

와 같이 된다.
❶', ❷'는 물론 ❶, ❷보다 작고 또, ❶'는 b_1을 갖지 않고, ❷'는 a_1을 갖지 않으므로,
서로 다른 형태로 소인수분해가 되어 있다.

나타나지는 않는다. 단지 처음의 소인수를 곱하는 결과가 될 뿐이다. 따라서 같은 분수를 곱하여 나타난 새로운 분수는 처음 분수의 공통 소인수 이외의 다른 소인수로 약분되지는 않는다.

이것은 다음의 사실로 귀결된다.

분수는 몇 번을 거듭제곱해도 분수이며, 결코 정수가 될 수 없다.

이것을 뒤집어 말하면,

어떤 정수도 그 거듭제곱근(제곱근, 3제곱근, … 등)은
결코 분수가 될 수 없다. 즉, 정수가 아니면 무리수이다.

이것 역시 '소인수분해의 일의성'의 정리로부터 이끌어진다.

계속 같은 일 즉, ❶′, ❷′ 중에서 가장 작은 인수를 찾아 이 두 수의 곱을 각각 ❶′, ❷′ 에서 빼가는 일을 되풀이하면, 그때마다 두 가지로 소인수분해된 작은 수가 생긴다. 이 작업을 계속하면 마침내는 다음과 같은 경우 중의 하나가 나타나야 한다.

　첫째, 두 식 모두가 합성수로 될 때,
　둘째, 두 식 모두가 소수가 될 때,
　셋째, 두 식 중의 하나가 합성수이고, 나머지 하나가 소수가 될 때,
　넷째, 두 식 모두가 1, 즉 합성수도 소수도 아닌 경우가 될 때.

그러나 첫째 경우, 더 계속해서 이 절차를 거쳐야 하고, 둘째 경우는, 두 식 모두가 같은 소수일 때는 '서로 다른 형태로 소인수분해가 가능'이라는 가정에 어긋나고, 또 서로 다른 소수일 때는 '같은 수'라는 전제와 모순된다. 셋째 경우, 두 수가 같은 것이라는 전제에 어긋나고, 넷째 경우 즉, 둘 다 1이 되는 경우는 1을 '두 가지로' 소인수분해할 수 없으므로 역시 모순에 부딪친다.
요컨대 생각할 수 있는 모든 경우마다 모순이 된다. 이것은 처음의 가정이 잘못되어 있기 때문이다. 즉, 모든 수는 오직 한 가지로만 소인수분해가 가능하다.

소수에 관한 수수께끼(2)
완전수의 개수는 유한일까, 무한일까?

그리스의 피타고라스 학파가 짝수를 '부족수', '완전수', '과잉수'의 셋으로 분류했다는 이야기는 이미 했다. 이 중, 완전수는 1~10 사이에 6 하나, 11~100 사이에 28 하나, 101~1000 사이에 496 하나만이 각각 존재할 뿐이다.

이처럼 보기 드문 귀한 존재라 해서 그리스인들은 세상에서 흔히 볼 수 없는 미덕을 상징하는 수로써 완전수를 중하게 여겼다. 오늘날의 우리는 그보다도 피타고라스(또는 그 학파)가 짝수 속에 완전수가 포함되어 있다는 사실을 발견했다는 것에 더욱 흥미를 느끼지만.

어떤 자연수 N이 '완전수'라는 것은 이미 앞에서 설명했듯이 1을 포함한 그 수의 모든 약수의 합이 그 자신과 같을 때, 그러니까 N과 같을 때를 말한다. 이때 N의 약수 속에 N 자신을 포함시킨다면 2N이 된다.

'클론 생식(生殖)'은 생물의 세포 일부를 채취하여 잘 증식시키면 처음의 생물과 똑같은 생물을 다시 만들 수 있다는 것을 말한다.

완전수에 흥미를 느꼈던 그리스인들의 심정은 이 클론의 발상과 엇 비슷한 데가 있다. 약수를 클론 증식하는 처음의 세포에 대응시켜서 생각하면 납득이 갈 것이다. 이렇게 따진다면, 그리스인들이 6이라는 수가 지닌 이러한 성질에 비상한 관심을 나타낸 것은 터무니없는 일이기는커녕, 지금의 우리 입장에서도 오히려 당연히 공감을 느낄 만한 일이다. 신이 하루에 세계를 창조하지 않고 일부러 6일이나 걸리게 했다는 것은, 6의 '완전성'(=클론 재생성)과 깊은 관계가 있었다는 중세 신학자의 해석도 이러한 발상에 근거를 두고 있는 말이었다.

물론 그리스인들은 완전수를 신비성이라는 면에서만 생각하지는 않았다.

완전수에 관한 연구로는 앞에서 이야기한 '완전수의 공식'을 생각해낸 유클리드 이외에 성직자인 메르센(M. Mersenne, 1588~1648)과 수학자 오일러(L. Euler, 1707~1783)가 특히 유명하다. 그중에서도 메르센은 2^n-1의 꼴의 소수와 관련시켜서 완전수를 연구했는데, 이 '메르센 수'(2^n-1의 꼴의 소수)가 완전수와 각별한 관계가 있다는 사실이 알려진 후로는 수학자들의 관심은 이 메르센 수에 집중하였다.

2005년까지 43개의 메르센 수가 알려져 있다.

$$n=2, 3, 5, 7, 13, 17, 19, 31, 61, 89, 107, 127,$$
$$521, 607, 1279, 2203, 2281, 3217, 4253, 4423$$
$$\cdots\cdots 13466917, 20996011, 24036583, 25964951, 30402457$$

이 그것들이다.

여기서 43번째 메르센 수인 $2^{30402457}$은 915만 2052자리 수이다. 그런데 1000만 자리의 소수를 발견하는 최초의 사람에게는 10만 달러의 상금이 수여된다고 한다. 오늘 바로 이 순간 새로운 메르센 수가 발견되었을지도 모를 일이다.(2021년 현재, 2486만 2048자리 수인 51번째 메르센 소수까지 발견되었다 - 편집자) 컴퓨터의 발전과 더불어 충분한 시간만 있으면 얼마든지 큰 수를 계산할 수 있는 오늘날에는 지금까지 발견된 소수나 메르센 수의 개수가 몇 개라는 것 등을 따지는 것은 별로 의미가 없는 일일 수도 있겠다.

완전수를 짝수에 포함시킨 것은 앞에서 이야기한 바와 같이 피타고라스 학파였다. 실제로 지금까지 홀수인 완전수는 발견되지 않았다. 오일러는 만일 홀수인 완전수가 존재한다면 그것은,

$$p^{4k+1} \cdot q^2$$

(단, p는 $4n+1$ 꼴의 소수, q는 1이 아닌 홀수이며
p로 나누어떨어지지 않는다.)

의 꼴을 하고 있어야 한다는 것을 증명하였다.

짝수인 완전수의 특징으로는 끝자리의 숫자가 6 아니면 28이라는 재미있는 사실도 밝혀지고 있다. 또, 6을 제외한 n번째 짝수 완전수는 '2^{n-1}개의 연속된 홀수의 3제곱수의 합'으로 나타내어진다는 꽤 까다로운 결과도 이미 증명되어 있다. 예를 들어 보자.

$$28 = 1^3 + 3^3$$
$$496 = 1^3 + 3^3 + 5^3 + 7^3$$
$$8128 = 1^3 + 3^3 + 5^3 + 7^3 + 9^3 + 11^3 + 13^3 + 15^3$$
$$\cdots\cdots$$

그러나 최대의 완전수가 존재하는가, 그렇지 않으면 완전수는 무한히 많이 존재하는가의 문제는 아직 해결되지 않고 있다.

그런데 완전수의 연구가 우리의 실생활에 다소나마 어떤 보탬이 되는가라는 야속한 욕심을 접어둔다 하여도, 과학적으로 기여하는 바가 있는 것일까?

아니, 거기까지 바라지 않고, 수학 내부에만 국한시켜서 생각한다 해도 다른 수학 분야의 연구와 어떤 연관성이라도 있는 것일까? 답은 "아니다!"이다. 그렇다면 아무런 소득도 기대할 수 없는 일에 수학자들이 온 힘을 기울여서 연구에 몰두하는 이유는 무엇일까? 이에 대한 답도 어이없을 정도로 싱겁다.

"수학은 오직 수학적인 문제가 있는 곳에만 존재할 뿐이다!"

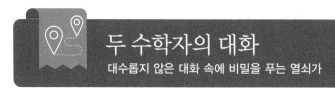

두 수학자의 대화
대수롭지 않은 대화 속에 비밀을 푸는 열쇠가

S와 P라는 두 사람의 암산왕에게 사회자가 1보다 큰 어떤 두 개의 정수를 알아맞혀보라는 문제를 내면서 S씨에게는 그 두 수의 합을 알려주고, P씨에게는 그 곱을 알려주었다. 그러고는 둘 중에서 누구든 한 사람이 다른 한 사람에게 한 번만 말을 걸 수 있다는 조건을 붙였다. 물론 자신이 알고 있는 합이나 곱에 대해서 힌트 같은 것을 던져서는 안 된다.

두 사람은 잠시 동안 묵묵히 생각에 잠겼다. 그러다가 S씨가 먼저 입을 열었다.

"나는 그 두 수의 합을 들었을 뿐이므로, 곱을 알고 있는 당신이 부럽지만, 하기야 당신도 그 곱만으로는 그 두 수가 무엇인지 알 수 없죠?"

그 말을 듣고, 한참 동안 골똘히 생각하고 있던 P씨는 이윽고 자신 있는 얼굴로 대답했다.

"응, 알았다! 당신이 말해준 덕택입니다."

이 말을 듣자, S씨도

"나도, 당신이 말했기 때문에 답을 알았습니다!"
라고 얼굴을 폈다.

그 자리에 앉아 있는 관객들은 두 사람의 선문답(禪問答)과도 같은 대화 속에 해답의 실마리가 숨겨져 있는지 도무지 알 수 없었다. 여러분은 뭔가 낌새를 느낄 수 있었는지요?

S씨가 "곱만으로는 그 두 수를 알 수 없다"라고 했을 때, S씨는 그 두 수는 소수가 될 수 없음을 알고 있었으며, 그는 두 소수의 합이 아니라는 것을 P씨에게 알려준 것이 된다. '2보다 큰 짝수는 합이 두 소수의 합으로 나타내어진다'라는 유명한 '골드바흐의 추측'이 있는데, 실제로 50보다 작은 짝수는 모두 간단히 두 소수의 합으로 나타낼 수 있다.

그런데 2도 역시 소수이기 때문에 S씨가 알고 있는 합은 2를 뺀 나머지가 소수 아닌 홀수이다. 만일 짝수나 소수이면, 소수＋소수가 되어버린다. 따라서 S씨가 알고 있는 합은 11, 17, 23, 27, 29, 35, 37, 41, 47 중의 어느 하나가 된다.

하기야 P씨는 그 합이 50보다 작다는 사실을 모르기 때문에, 처음의 S씨의 이야기로부터 알 수 있는 것은 두 수의 합은 이것들 이외에 51, 53, 57, 59, 65, … 등을 덧붙인 것 중의 어느 하나라는 사실이다. 이들 수를 가령 '가능적인 합'이라고 하자.

결론부터 먼저 말한다면, 이 두 수는 4와 13이다.

이것을 증명하기 위해서는 먼저 이 두 수일 때, 조금 전의 두 사람의 대화가 성립한다는 것을 밝히고, 그다음에 S씨가 "나도 알았다"라고 말할 수 있기 위해서는 S씨가 들은 합이 17이어야 한다는 것을 보이면 된다.

두 수가 4, 13이라고 하면, P씨가 들은 곱은 52가 된다. 그런데 짝수끼리의 합은 짝수이므로 '가능적인 합'이 될 수 없다. 그러므로 본래의 두 수는 곱이 52가 되는 1보다 큰 짝수와 홀수여야 하고, 그러한 인수분해는 4와 13밖에는 없다. 이 합 17은 '가능적인 합'이기 때문에 P씨는 이것이 본래의 두 수라는 것을 알았던 것이다.

S씨가 사회자로부터 들은 합은 17이다. 그는 P씨가 "알았다"라고 하는 말을 듣고 자신이 P씨에게 알린 정보를 새삼스럽게 알아차린 것이다. 그 정보를 바탕으로 그는 P씨의 추리를 이렇게 더듬었을 것이다.

두 수는 2와 15일까? 만일 그렇다면 곱은 30으로, 그 분해인 5와 6의 합도 '가능적인 합' 11이기 때문에 P씨는 이 둘 중의 어느 것인지 판정할 수가 없게 된다.

두 수가 3과 14일 때에도, 곱 42의 분해로서 2와 21이 있으며, 그 합도 '가능적인 합'이다.

마찬가지로 4와 13 이외의 두 수로서 합이 17이 되는 것은 다음과 같이 모두 그 곱을 다른 방법으로 인수분해할 수 있으며, 각 경우마다 그 합이 '가능적인 합'이 된다.

$$5 \times 12 = 60 = 3 \times 20, \quad 6 \times 11 = 66 = 2 \times 33$$
$$7 \times 10 = 70 = 2 \times 35, \quad 8 \times 9 = 72 = 3 \times 24$$

따라서 S씨가 들은 합이 17인 경우에는 '가능적인 합'에 대한 정보를 듣고 P씨가 알았다는 두 수는 4와 13뿐이라는 것을 S씨도 알아차린 것이다.

역으로, S씨가 들은 합이 17 이외의 경우, P씨가 '가능적인 합'에 대한 정보로부터 두 수를 찾아내는 가능성은 항상 두 가지 이상이 된다. 예를 들어, S씨가 들은 합이 11이었다고 하자. 이때, 두 수가 3과 8이건, 4와 7이건, 이것들의 곱 24와 28의 '가능적인 합'이 되는 인수분해는 꼭 한 가지밖에 없다. 따라서 어느 것이든, P씨는 본래의 두 수를 알 수 있지만, S씨에게는 어느 쪽인지 판가름할 수가 없다.

17 이외의 모든 합에 대해서는 모두 똑같다. 즉,

$$23 = 4 + 19 = 16 + 7,$$
$$27 = 4 + 23 = 8 + 19 = 16 + 11,$$
$$29 = 4 + 25 = 16 + 13,$$
$$35 = 4 + 31 = 16 + 19,$$
$$37 = 8 + 29 = 32 + 5,$$
$$41 = 4 + 37 = 16 + 25,$$
$$47 = 4 + 43 = 16 + 31$$

(4×25의 또 다른 분해 20×5도, 16×25의 또 다른 분해 80×5도 인수의 합이 '가능적인 합'은 되지 않는다.)

따라서, S씨가 "나도 알았다"라고 말할 수 있기 위해서는 들은 합이 17이어야 한다. 그러므로 본래의 두 수는 4와 13이다.

5
페르마의 정리

"난 이것에 대한 증명을 멋지게 해냈다. 하지만 그 증
명 과정을 적을 여백이 없어서 증명의 과정은 생략했
다."

−페르마

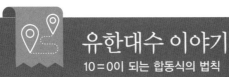
누군가가 느닷없이 '10＝0'이라는 식을 써 보이면, "무슨 뚱딴지 같은 소리"라고 한마디로 잘라 말해 버리거나, 속임수쯤으로 돌리기가 일쑤일 것이다. 그러나 자연계에서는 실제로 이런 일이 벌어진다. 빛은 파동이고, 파동은 서로 보강될 뿐만 아니라 서로 상쇄되기도 한다. 따라서 다음과 같은 파동을 이루는 두 빛은 상쇄가 되어 어두워질 수가 있다. 즉,

$$2＝1+1＝0!$$

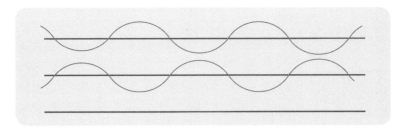

또 이런 경우를 생각해 보자. 지금, 둘레를 10등분한 어떤 원이 있고, 그 원을 한 걸음에 1구간씩 걷는다고 하자. 이 사람은 10걸음만에 제자리에 다시 돌아오게 된다.

이때, '10'이라고 적어놓은 점은 '0'이라고 표시한 점과 일치하게 된다. 이런 경우라면 분명히 '10=0'이라는 등식이 성립한다.

이러한 상황에서 만들어지는 수는 결코 무한으로 뻗어나가지 않고 아무리 가봐야 9에서 멈추어버린다. 이 '대수'(代數=연산)에 쓰이는 수는 모두 합쳐서 0, 1, 2, 3, 4, 5, 6, 7, 8, 9의 10개의 수뿐이다. 이처럼 유한개의 수만으로 된 연산, 즉, '유한대수(有限代數)'에서는 보통은 대수의 법칙이 그대로 쓰이고, 이 밖에 '10=0'이라는 등식이 성립한다는 것뿐이다.

물론, '10=0'이라는 등식 말고도 다른 등식, 예를 들어 '5=0'도, '7=0'도 상관이 없다. 원둘레는 몇 등분이라도 할 수 있기 때문이다.

그러나 한 가지 점에서만은 이 대수의 법칙이 다른 대수의 경우와 다르다. 그것은 보통의 대수에서는 0이 아닌 두 수를 곱해서 0이 되는 일은 없지만, 이 유한대수에서는, 0이 인수를 가지고 있다는 점이다. 예를 들어, '10=0'이 성립하는 이 대수에서는 $4 \times 5 = 0$과 같이, 0이 아닌 두 수를 곱한 결과 0이 되는 경우가 발생한다.

이번에는 원이라는 기하학적 도형을 떠나서, 다음과 같은 정의를 생각해 보자. 두 수의 차가 어떤 수의 배수일 때, 이 두 수는 그 수에 관해서 '합동'이라고 부른다. 여기서 어떤 수를 2, 두 수를 각각 6과 4라고 하면, 6과 4의 차는 2이기 때문에, '6과 4는 2에 관해서 합동'이다. 이때의 어떤 수(여기서는 2)를 '합동식의 법(法)'이라고 한다. 꽤 까다로운 표현이지만, 합동식을 처음 생각해 낸 가우스가 그렇게 부른 것이기 때문에, 불편해도 창시자에게 존경의 마음을 표시한다는 뜻으로 참을 수밖에.

일반적으로 두 수 a와 b가 '법' m에 관해서 합동이라는 것은 a와 b의 차가 m의 배수가 된다는 것을 뜻한다. 가우스는 이것을 다음과 같은 식으로 나타내었다.

$$a \equiv b(mod\ m)$$

(단, mod는 '모듈러스(modulus)'의 약자)

앞에서 든 예에서 말한다면

$$6 \equiv 4(mod\ 2)$$

가 된다. 이것은 결국 '2＝0'이라는 것과 같은 뜻이지만, 모양이 이것보다는 멋있게(?) 보인다.

번호 카드를 가지고 차례로 입장하는 사람들을 3개의 회의장에 들어가게 하기 위해서는 각 회의장에 0, 1, 2라는 번호를 붙여두고, "당신의 번호를 3으로 나누어서 나머지가 0, 1, 2인가에 따라 0, 1, 2의 방에 입장하십시오"라고 지시하면, 아무런 혼란도 없이 거뜬히 정리할 수 있다. 그것은

캘린더의 세로줄에 있는 숫자들은 가로 나누었을 때 나머지가 같다.

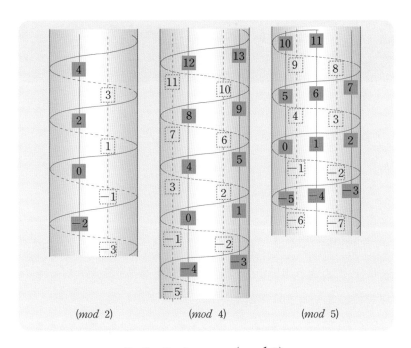

$$(mod\ 2) \qquad (mod\ 4) \qquad (mod\ 5)$$

$$0\equiv3\equiv6\equiv9\equiv\cdots\cdots(mod\ 3)$$

$$1\equiv4\equiv7\equiv10\equiv\cdots\cdots(mod\ 3)$$

$$2\equiv5\equiv8\equiv11\equiv\cdots\cdots(mod\ 3)$$

와 같이, 모든 번호를 0조, 1조, 2조의 3가지로 분류할 수 있기 때문
이다. 합동식에서는 '법'의 배수를 모두 같은 것으로 간주하기 때문
에, 합동식이란 '법의 배수를 몰아내는 것'이며, 바꿔 말하면 합동식
에서는 법으로 나눈 나머지에 대해서만 관심을 갖는다는 뜻도 된다.
10진수인 경우에는 1의 자리 숫자가 이때의 나머지가 된다. 예를 들
어보자.

$$523\equiv3(mod\ 10)$$

이 식은 10＝0이라는 대수에서는 523＝3과 같이 나타낼 수 있다.

7=0이라는 등식이 성립하는 유한대수를 생각하면, 이 수의 세계는 0, 1, 2, 3, 4, 5, 6만으로 되어 있으며, 곱셈구구표에는 다음과 같이 끝자리의 숫자만이 적히게 된다.

×	1	2	3	4	5	6
1	1	2	3	4	5	6
2	2	4	6	1	3	5
3	3	6	2	5	1	4
4	4	1	5	2	6	3
5	5	3	1	6	4	2
6	6	5	4	3	2	1

예를 들면, $3 \times 4 = 12 = 7 + 5 = 5$가 된다. 또, 어느 행을 봐도 1에서 6까지의 수가 한 번씩 선을 보이고 있으며, 다만 그 순서가 다를 뿐이다.

구구표에는 끝자리 수만이 쓰여지고 있지만, 사실은 각 행마다 곱해지는 수(세로선의 왼편에 적힌 수)가 6번씩 등장한다.

예를 들면, 위에서 3번째 행에는 3×1, 3×2, 3×3, 3×4, 3×5, 3×6과 같이 되어 있다. 따라서 이 행의 6개의 수를 모두 곱하면,

$$3^6 \cdot 1 \cdot 2 \cdot 3 \cdot 4 \cdot 5 \cdot 6$$

한편, 곱셈구구표의 이 행에 나타난 수를 모두 곱하면,

$$3 \cdot 6 \cdot 2 \cdot 5 \cdot 1 \cdot 4$$

인데, 곱할 때의 인수의 순서는 어떻게 해도 마찬가지이기 때문에 이것을 다음과 같이 나타낼 수 있다.

$$1 \cdot 2 \cdot 3 \cdot 4 \cdot 5 \cdot 6$$

결국 다음과 같은 등식이 성립한다.

$$36 \cdot 1 \cdot 2 \cdot 3 \cdot 4 \cdot 5 \cdot 6 = 1 \cdot 2 \cdot 3 \cdot 4 \cdot 5 \cdot 6$$

이 양변을 $1 \cdot 2 \cdot 3 \cdot 4 \cdot 5 \cdot 6$으로 나누면,

$$3^6 = 1$$

또, 이 식은 다음과 같이 나타낼 수도 있다.

$$3^6 - 1 = 0 \cdots\cdots ❶$$

이 등식은 다음과 같은 뜻을 담고 있다. 즉,

3을 6제곱한 것에서 1을 뺀 수는 7의 배수이다.

이 관계는 1에서 6까지의 어느 행에 대해서도 성립한다.
실제로 이들 수의 6제곱은 각각 다음과 같다.

$$1^6 = 1, \, 2^6 = 64, \, 3^6 = 729, \, 4^6 = 4096, \, 5^6 = 15625, \, 6^6 = 46656$$

여기서 1을 빼면 각각 다음의 수가 된다.

$$0, 63, 728, 4095, 15624, 46655$$

이것들은 모두 실제로 7로 나누어떨어진다.

이러한 관계, 즉, 앞의 등식❶이 어떤 소수에 대해서도 성립한다는 것이 유명한 '페르마의 정리'이다. 페르마의 정리는 다음과 같이 나타낼 수 있다.

|페르마의 정리| 소수 p가 정수 n의 약수가 아니면, $n^{p-1}-1$의 꼴의 수는 p로 나누어떨어진다.

이 정리 이름에 '페르마'가 붙은 것은 17세기의 위대한 수학자 페르마(P. Fermat, 1601~1665)가 이 정리를 증명했기 때문이다. 그러니까 페르마의 정리란, 임의의 소수를 p라고 할 때, p의 배수가 아닌

페르마 | 페르마의 정리로 정수론 연구에 커다란 전기를 마련했다

어떤 수 n을 $(p-1)$제곱하여 이것에서 1을 빼면, 언제나 p로 나누어떨어진다는 것이다.

이것을 합동식을 써서 나타내면 다음과 같다.

$$n^{p-1}\equiv 1(mod\ p)$$
$$또는\ n^{p-1}-1\equiv 0(mod\ p)$$

가 된다. 시험 삼아 보기를 몇 가지 들어보면, 다음과 같이 실제로 성립한다.

$n=2, p=5$라면

$2^{5-1}-1=2^4-1=16-1=15=3\times5\,(\text{5로 나누어떨어진다})$

$n=3, p=5$라면

$3^{5-1}-1=3^4-1=81-1=80=16\times5\,(\text{5로 나누어떨어진다})$

하지만 페르마 하면 뭐니 뭐니 해도 '페르마의 대정리'가 가장 먼저 떠오른다. 페르마의 책 한귀퉁이 여백에 우리가 '페르마의 대정리'라고 부르는 것과 함께 다음과 같은 글이 적혀 있다.

'난 이것에 대한 증명을 멋지게 해냈다. 하지만 그 증명과정을 적을 여백이 없어서 증명의 과정은 생략했다.'

도대체 페르마의 대정리란 무엇인지 알아보자.

이 '대정리'는 식을 만족하는 값이 존재하지 않기 때문에 아예 그 보기조차 들 수 없다. 이 '대정리'는 n이 3이나 4일 때 성립한다는 것, 곧,

$$x^3 + y^3 = z^3,\ x^4 + y^4 = z^4$$

을 만족하는 양의 정수 x, y, z는 없다는 것을 스위스의 유명한 수학자 오일러(L. Euler, 1707~1783)가 증명하였고, 그 후 베를린 대학의 교수 쿰머(E. Kummer, 1810~1893)는 n이 3 이상 100까지의 범위에서는 그러한 수가 없다는 것을 증명하였다.

그 후 여러 수학자들이 페르마의 대정리를 증명하려고 도전했으나 모두 실패하였다. 드디어 1993년 6월 미국 프린스턴 대학의 와일즈 교수가 페르마의 대정리를 완전히 해결했다고 발표했다. 이때 부분적으로 불완전함이 발견되었으나 와일즈 교수는 케임브리지 대학의 테일러 교수와 함께 그 미비한 부분을 완전히 해결하고 1995년 드디어 논문집을 발간했다. 페르마가 죽고 약 330년 만에 드디어 문제가 해결된 것이다. 이것은 수학사상 최대의 쾌거이다.

6
정수의 비밀

겉보기에는 아무런 개성도 없이 차갑게만 느껴지는 수

이지만 알고 보면 기막히게 아름다운 세계를 펼치고

있다.

브라만 탑의 수수께끼
동전놀이에서 발견한 수학의 법칙

동전놀이

어느 날 대학교에 다니는 형이 철수에게 재미있는 동전놀이를 가르쳐주었다. 형은 세 개의 접시를 가지런히 놓고, 맨 끝 접시 위에 다섯 개의 동전을 크기에 따라 쌓았다. 가장 아래에는 500원짜리 동전, 그 위에 100원짜리, 10원짜리, 50원짜리, 1원짜리 동전의 차례대로 말이다.

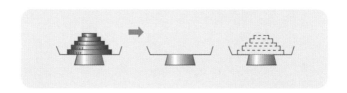

"이것들을 다음 세 가지 규칙을 지키면서 세 번째 접시 위에 옮겨보아라. 그 규칙이라는 것은 첫째, 한 번에 꼭 한 개씩만 옮긴다. 둘째, 작은 동전 위에 그보다 큰 동전을 얹어서는 안 된다. 셋째, 필요에 따라서 가운데 있는 접시에도 동전을 놓을 수 있으나, 마지막에는 모두 처음 차례대로 세 번째 접시 위에 옮겨야 한다."

철수는 1원짜리 동전을 세 번째 접시 위에 놓고, 50원짜리 동전을 가운데 접시 위에 놓았다. 그러나 다음에 10원짜리 동전을 어디에 놓아야 할 것인가가 문제였다. 10원짜리 동전은 50원짜리나 1원짜리 동전보다 크기 때문에 이것들 위에 10원짜리를 올려놓는 것은 규칙 위반이기 때문이다.

"왜 망설이는 거지?"

하고 형이 말했다.

"1원짜리 동전을 가운데 접시의 50원짜리 위에 얹고, 10원짜리 동전을 세 번째 접시에 놓으면 되지 않아?"

그다음의 방법은 철수도 알 수 있었다. 1원짜리 동전을 첫 번째 접시 위로 옮기고, 50원짜리 동전을 세 번째 접시에, 그리고 다시 1원짜리 동전을 세 번째 접시 위로 옮겼다. 그렇게 하니까 100원짜리 동전을 두 번째의 빈 접시에 놓을 수 있었다.

이런 식으로 여러 차례 동전을 이리저리 놓은 끝에 철수는 마침내 첫 번째 접시에 있던 다섯 개의 동전을 크기의 차례대로 모두 세 번째 접시에 옮겨놓을 수 있었다.

"잘 해내기는 했지만, 도대체 몇 번이나 옮겼니?"

"몇 번인지 세어보지 못했어요."

"그러면 그 횟수를 알아보자. 가장 적은 횟수로 목적을 달성하기 위해서는 몇 번 옮기면 되는지 알아두는 것도 수학 공부의 하나가 된다. 먼저 동전이 다섯 개가 아니고 500원짜리, 100원짜리 두 개뿐일 때를 생각해보자. 몇 번 옮겨놓아야 하겠니?"

형의 물음에 철수는 대답했다.

"세 번이면 돼요. 100원짜리 동전을 두 번째 접시 위에 옮기고, 500원짜리 동전을 세 번째 접시에 놓은 다음에, 100원짜리 동전을 그 위에 얹으면 되니까요."

"그래, 맞았다. 그러면 이번에는 10원짜리 동전을 더하여 모두 세 개의 동전이 있을 때, 몇 번 만에 모두 옮길 수 있을지 따져보자.

처음에, 두 번째 접시에 작은 두 동전을 차례대로 옮긴다. 그것은 앞에서 했던 것처럼 세 번이면 된다. 그리고 500원짜리 동전을 세 번째의 빈 접시 위에 옮긴다. 그다음에 두 번째 접시에 있는 두 동전을 세 번째 접시에 옮긴다. 이것도 처음과 같이 세 번이면 된다. 그러면 그 횟수는 3＋1＋3＝7이다."

그러자 철수가 말했다.

"50원짜리 동전을 한 개 더 더한 네 개의 동전을 옮기는 방법은 나도 알 수 있을 것 같아요. 처음에 작은 동전 세 개를 가운데 접시에 옮깁니다. 이것이 일곱 번. 그다음에 두 번째 접시의 동전 세 개를 세 번째 접시에 갖다놓습니다. 이것이 일곱 번, 그러니까 모두 7＋1＋7＝15면 돼요."

"잘한다. 그러면 다섯 개의 동전을 모두 옮기는 횟수는?"

"15＋1＋15＝31번이에요."

철수는 자신 있게 대답하였다.

"그래, 계산의 방법을 알게 된 것 같구나. 그러나 이보다 더 간단히 계산하는 방법이 있다. 잘 들어보아라. 지금까지의 계산에서 얻은 수 3, 7, 15, 31을 자세히 살펴보아라. 모든 수가 2를 몇 번씩 곱한 것으로부터 1을 뺀 수로 되어 있다."

$$3 = 2 \times 2 - 1,$$
$$7 = 2 \times 2 \times 2 - 1,$$
$$15 = 2 \times 2 \times 2 \times 2 - 1,$$
$$31 = 2 \times 2 \times 2 \times 2 \times 2 - 1$$

"아, 알았어요!"

철수가 외쳤다.

"옮겨놓을 동전의 개수와 같은 수만큼 2를 곱하고, 그 수로부터 1을 빼면 되는 것이지요? 이제는 동전이 몇 개가 되어도 그것들을 옮기는 횟수를 당장에 알아맞힐 수 있어요. 가령 일곱 개면 다음과 같이 하면 되는 거지요."

$$2 \times 2 \times 2 \times 2 \times 2 \times 2 \times 2 - 1 = 127$$

"그래, 그래. 그런데 한 가지 더 알고 있어야 하는 일이 있다. 만일 동전의 개수가 홀수일 때에는, 처음의 동전은 세 번째 접시에 옮겨놓아야 하고, 동전의 개수가 짝수일 때에는 두 번째 접시에 옮겨야 한다는 것이다. 사실 이 게임은 옛날에 있었던 것인데, 이를 단지 동전을 써서 설명한 것뿐이다."

"옛날에 있었던 게임이라고요?"

"그래. 아주 오랜 옛날에 인도에서 있었던 놀이라고 한다. 이 놀이에 관해서는 다음과 같은 재미있는 전설이 전해지고 있지."

브라만 탑(塔)의 수수께끼

옛날 아주 먼 옛날에 인도 갠지스강 기슭에 브라만교의 대사원이 있었는데, 거기에는 세계의 중심임을 나타내는 큰 원탑이 있었다. 그 아래 구리로 만든 판자 위에 높이가 1큐빗(cubit, 고대 이집트와 바빌로니아에서 사용되던 길이의 단위. 약 50cm)인 다이아몬드 바늘 3개가 세워져 있었다. 그중 한 바늘에는 위로 올라갈수록 작아지는, 크기가 다른 64개의 원판이 끼워져 있었다.

이 성스러운 탑 앞에서 브라만의 신은 스님들을 모아놓고 이렇게 분부를 내렸다.

"그대들은 이제부터 이 세 개의 바늘을 적당히 써서, 한 개의 바늘에 끼워진 원판을 다른 바늘로 옮겨라. 다만 원판은 한 번에 한 개씩 옮기되 큰 것을 작은 것 위에 절대로 얹어서는 안 된다. 이제부터 내 말을 충실히 시행하고, 한 순간도 게을리하지 말라. 만일 게을리하는 일이 있으면 그때는 이 사원도 탑도 무너져서 세계는 종말을 고하게

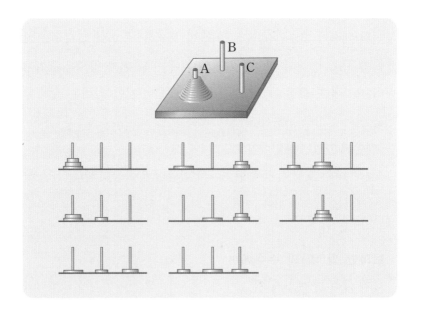

된다. 게을리하는 일이 없으면, 그대들이 이 원판을 모두 옮길 때까지 세상은 태평할 것이다."

유감스럽게도 이 이야기의 출처는 인도가 아니고, 지금으로부터 100년 전쯤에 프랑스에서 나온 책에 실린 내용이다.

지금 원판의 개수가 n개라 하고, 이것을 옮기는 데 소요되는 최소의 절차의 횟수를 x_n이라고 하면, 한 개일 때 x_1은 1, 두 개일 때 x_2는 3이다. 그리고 세 개일 때 절차의 횟수 x_3은 그림과 같이 7이 된다.

이 횟수는 다음과 같이 생각할 수 있다. 즉,

(1) 가장 작은 것, 중간의 것 등 두 개의 원판을 C로 옮기기 위해서는 세 번의 횟수가 필요하다.

(2) 큰 원판을 B로 옮기기 위해서는 한 번의 횟수가 소요된다.

(3) C에 있는 소(小), 중(中) 두 개의 원판을 B로 옮기기 위해서는 세 번의 횟수가 필요하다. 따라서,

$$x_3 = 3 + 1 + 3 = 7$$

이 된다. 마찬가지로 원판이 네 개일 때는 먼저 위에 있는 세 개를 C로 옮기는 데는 7번의 횟수, 아래에 있는 한 개를 B로 옮기는 데는 1번의 횟수, C의 세 개를 B로 옮기는 데는 7번의 횟수가 각각 필요하기 때문에,

$$x_4 = 7 + 1 + 7 = 15$$

이다. 따라서 일반적으로 n개의 원판을 옮기는데 필요한 절차의 횟수 x_n은 다음과 같이 나타낼 수 있다.

$$x_n = x_{n-1} + 1 + x_{n-1} = 2x_{n-1} + 1$$

이것을 증명하기 위해서는 '수학적 귀납법'을 쓴다. 그런데,

$$x_1 = 1^1$$
$$x_2 = 2x_1 + 1 = 2(2^1 - 1) + 1 = 2^2 - 1$$
$$x_3 = 2x_2 + 1 = 2(2^2 - 1) + 1 = 2^3 - 1$$
$$\cdots\cdots$$
$$x_n = 2^n - 1$$

브라만 탑의 원판의 개수는 64개이기 때문에, 이 모두를 옮기는

데 소요되는 횟수는 $2^{64}-1$ 즉, 18,446,744,073,709,551,615라는 엄청난 수가 된다.

가령, 원판 1개를 옮기는 데에 1초 걸린다고 한다면, 1년이면 $365 \times 24 \times 60 \times 60 = 31,536,000$회, 그러니까 모두를 옮기는 데에는 무려 6000억 년이나 걸리는 셈이다. 그러니 스님들이 한눈 안 팔고 부지런히 원판을 옮겨주기만 한다면, 오래도록 이 세상은 태평하다는 이야기가 된다.

아름다운 정수의 세계
수에도 표정이 있다!

　수학의 시작이 수에서부터였음은 물론이지만, 시대와 지역에 따라 수를 표현하는 말, 곧 수사는 모두 다르다. 보기를 들면 한국 사람이면, '하나, 둘, 셋, …'과 같이 부르는 것을 미국이나 영국 사람은 'one, two, three, …'라고 한다는 사실은 여러분도 잘 알고 있을 것이다.

　그러나 숫자를 써서 나타낼 때에는 세계 어느 곳에서나 한결같이 1, 2, 3, …이며, 또 1＋1＝2라는 셈에 관해서도 다소나마 이치를 아는 사람이면 아무도 거역할 수 없다.

　수 중에서도 정수의 성질을 따지는 연구의 역사가 가장 오래되었으며 이에 관해서는 이미 많은 사실이 밝혀져 있다. 겉보기에는 아무런 개성도 없이 차갑게만 느껴지는 수(정수)이지만 알고 보면 기막히게 아름다운 세계를 펼치고 있다.

　다음은 그중의 몇 가지 보기에 지나지 않지만, 이것만으로도 수의 표정이 얼마나 풍부한가를 알 수 있을 것이다.

❶

$$11 \times 111 = 1221$$

$$111 \times 11111 = 1233321$$

$$1111 \times 1111111 = 1234444321$$

$$11111 \times 111111111 = 1234555554321$$

$$\cdots$$

❷

$$3^2 + 6^2 = 45$$

$$33^2 + 66^2 = 5445$$

$$333^2 + 666^2 = 554445$$

$$3333^2 + 6666^2 = 55544445$$

$$33333^2 + 66666^2 = 5555444445$$

$$\cdots$$

❸

$$4^2 = 16$$

$$34^2 = 1156$$

$$334^2 = 111556$$

$$3334^2 = 11115556$$

$$33334^2 = 1111155556$$

$$\cdots$$

❹

$$1 \times 7 + 1 = 8$$

$$12 \times 7 + 2 = 86$$

$$123 \times 7 + 3 = 864$$

$$1234 \times 7 + 4 = 8642$$

$$12345 \times 7 + 5 = 86420$$

$$\cdots$$

❺

$$9 \times 9 + 7 = 88$$

$$98 \times 9 + 6 = 888$$

$$987 \times 9 + 5 = 8888$$

$$9876 \times 9 + 4 = 88888$$

$$98765 \times 9 + 3 = 888888$$

$$987654 \times 9 + 2 = 8888888$$

$$9876543 \times 9 + 1 = 88888888$$

$$98765432 \times 9 + 0 = 888888888$$

$$\cdots$$

이 밖에도 얼마든지 많다. 여러분 스스로 아름다운 정수의 세계를 향해 탐험 여행을 시작하면 어떨까?

46과 96 사이에는 재미있는 성질이 있다. 즉, 이 두 수의 곱과 각수의 첫째 자리, 둘째 자리의 숫자를 바꾼 두 수의 곱이 둘 다 4416으로 똑같다.

$$46 \times 96 = 4416$$
$$64 \times 69 = 4416$$

이 밖에도 이러한 성질을 갖는 두 자리의 수가 있는지를 알아보기 위해서는 대수의 방법을 쓰는 것이 좋다.

즉, 구하는 두 수의 십의 자리, 일의 자리의 숫자를 각각 x와 y, x'와 y'로 나타내면, 다음과 같은 방정식이 생긴다.

$$(10x+y)(10x'+y') = (10y+x)(10y'+x')$$

이 방정식의 괄호를 풀어서 간단히 하면

$$xx' = yy'$$

여기서 x, y, x', y' 등은 모두 10보다 작은 양의 정수이다.

이 방정식의 해를 구하기 위해서는 9개의 숫자 중에서 두 개씩을 꺼내어 곱했을 때의 값이 같은 짝을 실제로 찾아보아야 한다.

이것들은 모두

$$1 \times 4 = 2 \times 2$$
$$1 \times 6 = 2 \times 3$$
$$1 \times 8 = 2 \times 4$$
$$1 \times 9 = 3 \times 3$$
$$2 \times 6 = 3 \times 4$$
$$2 \times 8 = 4 \times 4$$
$$2 \times 9 = 3 \times 6$$
$$3 \times 8 = 4 \times 6$$
$$4 \times 9 = 6 \times 6$$

등의 9가지이다.

위의 각 등식으로부터 구하는 수의 짝을 만들 수 있다. 예를 들면, $1 \times 4 = 2 \times 2$로부터는,

$$12 \times 42 = 21 \times 24$$

가 만들어지고, 또 $1 \times 6 = 2 \times 3$으로부터는 두 개의 해

$$12 \times 63 = 21 \times 36, \quad 13 \times 62 = 31 \times 26$$

이 만들어진다. 이때, 같은 숫자가 두 개 있을 때는 해가 하나이고, 4

개의 숫자가 모두 다르면 두 개의 해가 생긴다.

그 결과 다음 14개의 해를 얻는다.

$$12 \times 42 = 21 \times 24$$
$$12 \times 63 = 21 \times 36$$
$$12 \times 84 = 21 \times 48$$
$$13 \times 62 = 31 \times 26$$
$$13 \times 93 = 31 \times 39$$
$$14 \times 82 = 41 \times 28$$
$$23 \times 64 = 32 \times 46$$
$$23 \times 96 = 32 \times 69$$
$$24 \times 63 = 42 \times 36$$
$$24 \times 84 = 42 \times 48$$
$$26 \times 93 = 62 \times 39$$
$$34 \times 86 = 43 \times 68$$
$$36 \times 84 = 63 \times 48$$
$$46 \times 96 = 64 \times 69$$

좋아하는 숫자 만들기
$x \times 12345679 \times 9 = xxxxxxxxx$

좋아하는 한 가지 숫자가 연이어 있는 수를 나타내는 식을 생각해 보자.

먼저 0에서 9까지의 정수 중에서 여러분이 좋아하는 수를 생각하자. 그 수에 37을 곱하고 그 곱에 다시 3을 곱하면 여러분이 좋아하는 숫자로만 된 세 자리의 수가 나올 것이다.

이것을 식으로 나타내면 다음과 같다. 즉 여러분이 좋아하는 수를 x라 하자.

$$x \times 37 \times 3 = xxx$$

만일 좋아하는 숫자가 6이라면

$$6 \times 37 = 222, \ 222 \times 3 = 666$$

이 식의 원리를 생각하기 전에 다음과 같은 것을 하나 더 알아보자.

좋아하는 수에 12345679를 곱하고 그 곱에 다시 9를 곱하면, 좋아하는 숫자로만 된 9자리의 수가 나올 것이다.

예를 들어 좋아하는 숫자가 7이라고 하자.

$$7 \times 12345679 = 86419753$$
$$86419753 \times 9 = 777777777$$

따라서 이것을 식으로 나타내면 다음과 같이 된다.

즉, 좋아하는 수를 x라 하면,

$$x \times 12345679 \times 9 = xxxxxxxxx$$

이제 이 식이 이루어지는 원리를 생각해 보자.

$x = 7$일 때를 생각하면,

$$7 \times 12345679 \times 9 = 777777777$$

양변을 7로 나누면

$$12345679 \times 9 = 111111111$$

우변의 수 111111111은 9자리의 수이고 각 자리의 숫자가 1이므로 각 자리의 수의 합은 9이다. 따라서 111111111은 9의 배수이다.

이것을 9로 나누면 몫은 12345679이다. 따라서,

$$x \times 12345679 \times 9$$

에서 12345679×9는 항상 111111111이 됨을 알 수 있고 여기에 좋아하는 수 x를 곱하면 x만으로 된 9자리의 수가 나오게 된다.

다시 처음으로 돌아가서

$$x \times 37 \times 3 = xxx$$

에서 생각해 보자. 이 식은 37×3=111이 되는 것에 착안하여 만들어진 식이다.

이와 같은 원리를 활용하면 또 다른 방법도 얼마든지 생각할 수 있다. 이런 원리를 모르면 마치 수의 마법에 걸린 것처럼 생각되는 것이다. 실제로 옛날에는 수학자를 마법사로 생각했다고 한다.

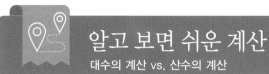

문제1

여러분은 아래의 문제를 암산으로 계산할 수 있는가?

$$\frac{10^2+11^2+12^2+13^2+14^2}{365}$$

아무리 암산을 잘한다 해도 분자의 수를 모두 계산하여, 그것을 365로 나누어서 답을 내는 것이 쉬운 일은 아니다. 암산으로 계산한다고 했으니까, 뭔가 간단한 방법이 있을 것이라고 짐작한 사람이 있다면 이미 문제를 반 이상 푼 셈이다.

분자 부분의 수를 보면 10, 11, 12, 13, 14로 이어진 각 수를 제곱한 것들의 합으로 되어 있다. 이렇게 차례로 이어진 수들 사이에는 어떤 특별한 관계가 있을 것이라고 생각하게 되면, 이제 문제는 거의 풀었다고 할 수 있다.

실제로 10, 11, 12, 13, 14라는 5개의 수 사이에는 다음과 같은 아주 재미있는 성질이 있다.

$$10^2 + 11^2 + 12^2 = 13^2 + 14^2$$

이 식의 좌변은

$$100 + 121 + 144 = 365$$

그러니까 위의 분수의 분자 부분은 분모 365의 2배, 따라서 분수의 값은 2임을 알 수 있다.

대수의 방법을 쓰면, 이러한 재미있는 성질을 갖는 수에 대해서 더 많이 알 수 있다.

앞의 수들 말고도, 5개의 이어진 수로서, 처음 세 수의 제곱의 합이 그 뒤의 두 수의 제곱의 합과 같은 것이 또 있는지를 알아보기 위해서는 구하는 수 중의 처음 것을 x로 하여,

$$x^2 + (x+1)^2 + (x+2)^2$$
$$= (x+3)^2 + (x+4)^2$$

이라는 2차방정식의 해를 구하면 된다.

계산을 간단히 하기 위해서, 두 번째의 수를 x로 하면

$$(x-1)^2 + x^2 + (x+1)^2$$
$$= (x+2)^2 + (x+3)^2$$

이 된다. 이 식을 풀면,

$$x^2 - 10x - 11 = 0$$
$$(x-11)(x+1) = 0$$
$$\therefore x = 11, \; -1$$

이 결과는 5개의 연이은 수로서, 앞의 세 수의 제곱의 합이 뒤의 두 수의 제곱의 합과 같은 것은,

$$10, 11, 12, 13, 14$$
$$-2, -1, 0, 1, 2$$

의 두 가지가 있음을 말하고 있다.

실제로 위의 두 번째 5개의 수 사이에는 다음과 같은 관계가 성립한다.

$$(-2)^2+(-1)^2+0^2=1^2+2^2$$

이 한 가지만으로도 산수의 계산과 대수의 계산은 엄청난 차이가 있다는 것, 즉 대수적 방법이 산수에 비해서 훨씬 폭넓게 쓰인다는 것을 알 수 있다.

문제 2

그러면, 이런 문제는 어떨까? 다음 방정식의 해를 구하라는 문제 말이다.

$$\sqrt{x+\sqrt{x+\sqrt{x+\sqrt{x+\cdots}}}}=3$$

제곱근기호($\sqrt{}$)가 너무 많아서 어렵게 생각할 수도 있겠지만 '무서운 인상을 가진 사람치고 악한 사람이 없다'라는 말이 있듯이 보기에 아주 까다롭게 보이는 문제는 의외로 쉬운 경우가 많은데, 이 경우도 그렇기 때문에 안심해 주기 바란다.

이 식의 양변을 제곱하면,

$$x+\underbrace{\sqrt{x+\sqrt{x+\sqrt{x+\sqrt{x+\cdots}}}}}_{3}=9$$

$$x+3=9$$

$$\therefore x=6$$

문제가 너무 싱겁다고 생각되면 다음 문제를 이런 식으로 5분 안에 답을 내주기 바란다. 이것과 똑같은 방법으로 생각하면 되는 문제니까 거뜬히 풀 수 있을 것이다.

Q $1+a+a^2+a^3+a^4+\cdots$의 합을 구하여라.

(힌트 : 전체를 X로 놓고, 이 X의 값을 구하면 된다.)

답 | $1+a+a^2+a^3+a^4+\cdots$ =X로 놓으면,

$$1+a(\underbrace{1+a+a^2+a^3+\cdots}_{X})=X$$

$$1+aX=X,\ X(a-1)=-1$$

따라서, $X=-1/(a-1)$, 또는 $X=1/(1-a)$

때로는 산수가 편리하다
에디슨의 일화가 주는 교훈

대수는 산수가 못다 한 것을 해낼 수 있는 것이 사실이지만, 때로는 대수의 방법을 써서 오히려 문제를 어렵게 만들어버리는 경우도 있음을 주의할 필요가 있다.

올바른 수학의 지식이란 문제를 푸는 방법이 산수이건 대수이건 가장 간단하고 확실한 길을 택할 수 있도록 수학이라는 도구를 자유로이 사용하는 힘을 갖추는 것을 말한다. 이 점에서 다음 일화는 매우 교훈적이다.

발명왕 에디슨이 한번은 전구(백열등)의 부피를 알고 싶어서, 대학 출신의 기술자에게 그것을 계산해 주도록 부탁하였다. 한 시간쯤 지나서 그 결과를 물었더니, 그 기술자는 책상 위에 종이를 가득 펴놓고 복잡한 수식을 쓰면서 땀을 흘리고 있었다. 얼마 후에 다시 가 보아도 마찬가지였다.

참다 못한 에디슨은 그 기술자를 불러 다음과 같이 문제의 해법을 가르쳐주었다.

"전구 속에 물을 가득 붓고 그 물을 다시 액체의 부피를 재는 관

속에 넣어보면 간단히 알 수 있지 않은가?"

자, 그러면 다음 문제에 도전해 보자.

다음의 모든 조건에 맞는 수 중에서 가장 작은 것을 구하여라.

2로 나누면 나머지가	1
3으로 나누면 나머지가	2
4로 나누면 나머지가	3
5로 나누면 나머지가	4
6으로 나누면 나머지가	5
7로 나누면 나머지가	6
8로 나누면 나머지가	7
9로 나누면 나머지가	8

"보석 상자일수록 간단히 열린다"라는 서양의 속담 그대로, 이 복

잡하게 보이는 문제를 푸는 데는, 사실은 대수도 방정식도 필요가 없다. 그냥 산수의 방법대로 단순하게 생각하면 된다.

구하고자 하는 수에 1을 더한 뒤 생각해 보자. 이 수를 2로 나누면, 나머지는 기존의 나머지 1에 1을 더한 2가 될 것이므로, 결국 이 수는 2로 나누어떨어진다. 마찬가지로 이 수를 3으로 나눴을 때의 나머지는 3이 되므로, 이 수는 3으로도 나누어떨어진다. 마찬가지로 4로도 …, 9로도 모두 나누어떨어진다.

이러한 수 중에서 가장 작은 것은,

$$9 \times 8 \times 7 \times 5 = 2520$$

이다. 2, 3, 4, 6의 배수는 이미 이 속에 들어 있다. 따라서 구하는 수는 이 수에서 1을 뺀 2519이다.

처음에 이 문제를 보고, 조건이 너무 많아서 아주 복잡하다고 생각하지는 않았는지. 어렵게 보인 것은 처음부터 조건에 따라 일일이 방정식을 따로 만들어서 풀어야 한다고 지레짐작을 한 탓이다.

옛 중국의 서울이었던 낙양의 남쪽에 황하의 지류인 낙수(洛水)가 있다. 이 낙수에 관해서는 유명한 전설이 있다.

지금으로부터 약 4천 년 전 중국 하나라의 우(禹)왕 시대의 일이었다. 황하의 범람은 낙수의 범람으로 이어지기 때문에 우왕이 앞장서서 치수 공사를 실시하고 있었다. 바로 그때 강 복판에 큰 거북이 나타났다. 잡아 본즉 그 등에 아래 그림과 같은 신비한 무늬가 새겨져 있었다고 한다.

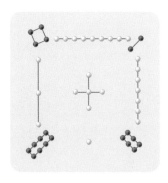

이 무늬에 관해서 여러 가지로 궁리한 끝에 이것은 수를 나타낸

것이며 지금 식으로 표현한다면 가로, 세로 3개씩 9개의 숫자가 적힌 것이라고 판단하였다.

다음 표는 앞의 그림을 숫자로 바꾸어놓은 것이다.

이 수표를 보면 각 가로줄, 세로줄의 수의 합과 왼쪽 위에서부터 오른쪽 아래로, 또 오른쪽 위에서부터 왼쪽 아래로의 대각선 위에 있는 수의 합이 모두 한결같이 15가 된다는 사실을 알 수 있다.

이 신비한 꾸밈새를 가진 그림은 하늘이 거북을 시켜 인간 세계에 보내준 것이라는 신앙을 낳았으며, 당시의 사람들은 이것을 아주 귀하게 여겨서 낙수로부터 얻은 하늘의 글이라는 뜻으로 '낙서(洛書)'라고 이름지었다.

이 수표는 네 구석, 곧 '방형(方形)으로 숫자가 진치고 있다'라는 뜻으로 '방진(方陣)'이라고 불렸으며 이때부터 일종의 '행렬놀이'가 유행하였다 한다. 실제 그 후의 중국이나 한국의 수학책에는 방진에 관한 문제가 많이 실렸다.

한편 이 방진은 유럽으로 건너가서 마방진(魔方陣, magic square)이란 이름으로 통용되었다.

아무튼 사람들은 가로·세로 3줄씩, 곧 3×3형의 방진에 국한하지 않고 $4 \times 4, 5 \times 5, 6 \times 6, \cdots$의 방진을 계속 연구해 갔다.

중국의 송나라 및 원나라 시대, 그러니까 지금으로부터 6, 7백 년 전에 이 마방진이 활발히 다루어졌다.

마방진 중에서 $3 \times 3, 5 \times 5$와 같은 홀수 마방진은 쉽게 만들 수가 있다.

예를 들어, 3×3형의 3차 마방진은 다음 그림과 같이 만든다.

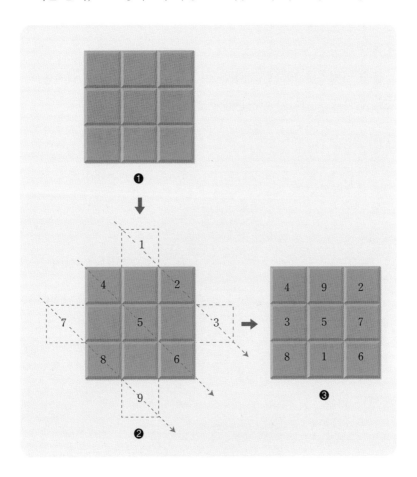

즉, 처음에 빈칸이 9개 있는 정사각형을 만들고(그림 ❶), 왼쪽 위
에서 오른쪽 아래로 비스듬히 1, 2, 3, …, 9까지의 숫자를 그림 ❷
써놓는다. 그리고, 처음의 정사각형 바깥쪽에 있는 각 숫자를 그 줄
에서 가장 먼 자리에 있는 칸으로 옮겨 쓴다. 가령, 1은 9 바로 위에,
3은 7 옆에, 그리고 9는 5 위에 오도록 말이다.

똑같은 방법을 써서 다음과 같이 5차(5×5형) 마방진을 만들 수 있다. 이런 식으로 7차, 9차 마방진도 만들 수 있다는 것을 독자 스스로 확인해 주기 바란다.

홀수 마방진을 만드는 방법은 이 밖에도 여러 가지가 있지만, 그것을 찾아내는 재미는 여러분에게 맡긴다.

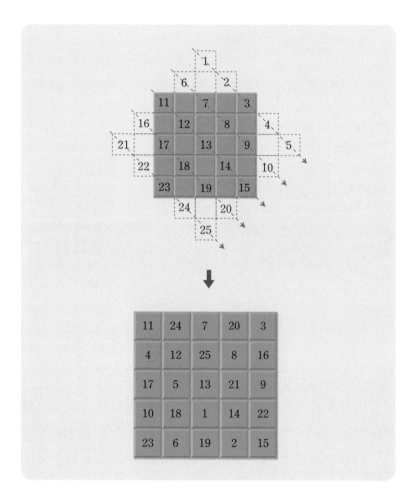

다음에 4×4방진을 만드는 방법을 생각해 보자.

가로 세로 4줄(4행 4열)로 된 칸을 만들고 아래 그림처럼 대각선을 2개 긋는다.

그리고 각 칸마다 A, B, C, …와 같이 이름을 붙인다.

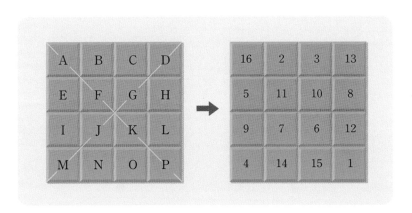

먼저 1을 A칸에 둔다. 그러나 대각선이 있기 때문에 쓰지 않고 그 대로 둔 채 2를 다음 B칸에, 3을 C칸에 써 넣는다. 4는 대각선상에 있기 때문에 쓰지 않는다. 5는 E칸에 쓴다. 6, 7은 F, G칸에 들어와 야 하지만 대각선이 있기 때문에 그만두고, H에 8을 넣고, I에 9를 넣는다.

J, K에는 10, 11이 들어와야 하지만, 대각선이 있기 때문에 그만 두고 L에 12를 넣는다. 이런 식으로 M, P는 그만두고 N, O에 14, 15를 넣는다.

이번에는 대각선상에 있는 칸을 메워간다. P에 1을, A에 마지막 수인 16을 둔다. 이어서, 왼쪽에서부터 오른쪽으로 15, 14, 13, …과 같이 거꾸로 셈하면서 빠진 수들을 채워넣는다. 즉 D에 13을, F, G,

J, K, M에 각각 11, 10, 7, 6, 4를 쓰면 4×4방진은 완성된다.

다음에는 8×8방진을 만드는 방법에 관해서 알아보자.

64개의 정사각형의 칸으로 된 전체를 굵은 선으로 4개 부분으로 나누어, 여기에 각각 대각선 두 개를 긋는다.

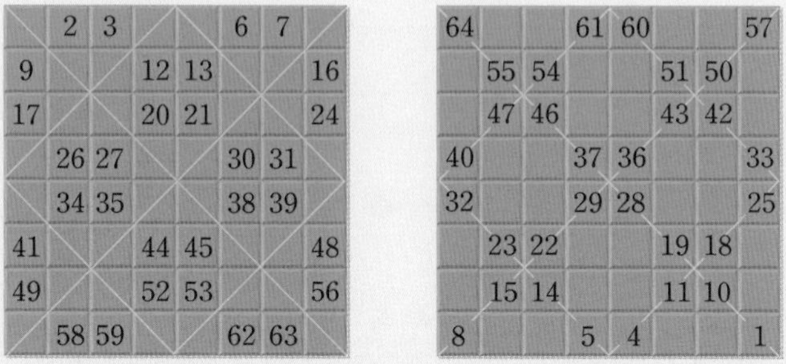

❶   ❷

4×4방진의 경우와 마찬가지로, 왼쪽 맨 위칸에 1을 써 넣으려 하지만, 이 칸은 대각선상에 있기 때문에 그만둔다. 이런 식으로, 첫째 행(行, 가로줄)부터 시작하여 각 행마다, 대각선 위에 있는 칸을 빼고 차례로 2, 3, …의 숫자를 써 넣는다. 이렇게 해서 만들어진 것이 위의 그림 ❶이다.

이 다음에, 마지막 숫자인 64를 처음 1을 생각했던 칸에 써 넣는다. 왼쪽부터 오른쪽으로 각 행마다 대각선상에 있는 칸에 61, 60, …과 같이 거꾸로 된 순서로 써 넣은 것이 그림 ❷이다.

이 둘을 합치면 8×8방진이 완성된다.

한국에 이 방진놀이가 소개된 것은 중국 남송 시대의 양휘(楊輝)가 지은 《양휘산법(楊輝算法)》(1275)이라는 수학책을 통해서였다.

마방진의 변천

마방진을 농사에 활용한 피셔

조선 시대 숙종 때 영의정을 지낸 정치가이며 천문학에도 깊은 조예가 있었던 최석정(崔錫鼎, 1646~1715)은 지금까지 유례를 찾아볼 수 없는 절묘한 마방진을 창안해 냈다.

최석정이 창안한 여러 가지 마방진 중에 다음 그림과 같은 마방진은 수학적인 공식으로 만들 수도 없고 아직 만들어진 적도 없는 절묘한 것이다. 그림 ❶은 1부터 81까지의 정수를 중복 없이 배열한 것으로 큰 사각형 전체가 마방진이 될 뿐 아니라 그 안의 9개의 정사각형도 모두 마방진의 성격을 갖는다. 즉, 큰 정사각형의 가로, 세로, 대각선을 모두 합한 수가 각각 369가 되고, 작은 정사각형의 가로, 세로의 합은 123이 된다.

그리고 그림 ❷는 1부터 30까지의 정수를 중복 없이 배열하여 육각형을 이루고 있는데 육각형의 수를 합하면 각각 93이 된다.

마방진은 오늘날 단지 흥밋거리로써만이 아니라 과학에서도 중요한 역할을 담당하고 있다. 라틴 마방진이라는 이름의 마방진을 사용하여 농업의 생산성을 조사하는 데 적지 않은 효과를 본 적이 있다.

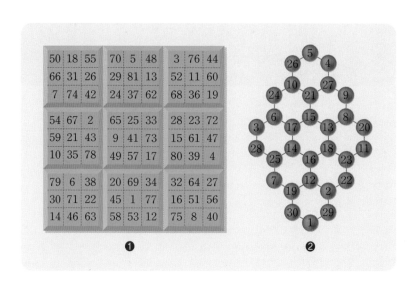

그것은 영국의 피셔(R. A. Fisher, 1890~1962)라는 학자가 이용한 재미있고 편리한 방법이다.

아래의 그림은 두 개의 라틴 마방진이다. 즉 ㉠, ㉡ 두 개의 마방진은 1부터 4까지의 숫자를 사용해서 가로, 세로가 10이 되게 만들어져 있다. 그림 ❷와 같은 것을 특히 그리스·라틴 마방진이라고 부른다. 이것은 그림 ❶의 두 개의 라틴 마방진 ㉠, ㉡을 결합한 점이 특징이다. 다시 말해서 이들 두 개의 마방진의 같은 자리에 들어 있는 숫자끼리를 묶은 것이다.

가령 23이란 숫자는 ㉠의 2와 ㉡의 3을 배열한 것이다.

피셔는 토질이 일정하지 않은 밭에다 네 종류의 밀 1, 2, 3, 4를 뿌리고 여기에 네 종류의 비료 1, 2, 3, 4를 주어 그 효과를 실험하는데 이 라틴 마방진을 이용했다.

셈에 있어서의 중매 역할

죽이지 않고도 나누어 가진 낙타 이야기

　가끔 사회 생활에서도 보는 일이지만 A, B 두 사람의 사이가 별로 좋지 않을 때 C가 가운데에 낌으로써 두 사람의 사이가 좋아지는 경우가 있는데 그것처럼 A, B가 직접 화합하지는 않지만 C가 들어감으로써 이 물질은 잘 화합하고 C는 그대로 남는다, 이러한 역할을 하는 C를 촉매라 한다. 수학에도 이와 같은 역할을 하는 수의 이야기가 있다.

　어느 아라비아 상인이 17마리의 낙타를 가지고 있었는데 그가 죽을 때 장남에게는 그 재산의 $\frac{1}{2}$을, 차남에게는 $\frac{1}{3}$을, 그리고 삼남에게는 $\frac{1}{9}$을 준다고 유언하였다.

　그러나 17은 2에 의해서도 3에 의해서도 그리고 9에 의해서도 나누어떨어지지 않는다. 그렇다고 낙타를 죽여서 나누어 가질 수도 없다. 삼형제는 아버지의 유언대로 재산을 분배할 수 없어서 걱정이 태산 같았다.

　마침 그때 낙타 한 마리를 이끈 할아버지가 나타나서 그 이야기를 듣고는 말했다.

"다행히 나에게 낙타 한 마리가 있다. 이것을 너희에게 줄 테니 이 한 마리를 합하여 18마리로 하여 나누어 가져라."

잘 알지도 못하는 사람에게서 귀한 재산을 거저 얻을 수는 없다고 한사코 사양했지만 할아버지의 간곡한 권유에 못 이겨 마침내 낙타 를 얻어 갖기로 하였다. 그리하여 18마리가 된 낙타를 아버지의 유 언대로 나누었다.

낙타 18마리의 $\frac{1}{2}$은 9마리이기 때문에 이것은 장남의 몫, 18마리 의 $\frac{1}{3}$은 6마리이기 때문에 이것은 차남의 몫, 그리고 18마리의 $\frac{1}{9}$인 2마리는 삼남이 차지했다.

그런데 9+6+2=17, 그러니까 아직 낙타 한 마리가 남았다. 그 러자 할아버지는 남은 한 마리의 낙타를 끌며 말했다

"너희들 세 사람이 모두 아버지의 유언대로 낙타를 차지했는데도 한 마리가 남았다. 이 낙타는 원래 내 것이었으므로 내가 데리고 가 겠다."

물건을 몇 사람에게 몇분의 몇씩 나눌 때 그것들을 모두 합치면 1 이 되어야 한다.

그런데 여기에서 나타나는 수는

$$\frac{1}{2}+\frac{1}{3}+\frac{1}{9}=\frac{9}{18}+\frac{6}{18}+\frac{2}{18}=\frac{17}{18}$$

곧, 이것들을 합친 결과는 1이 되지 않는다. 따라서 이렇게 분배했 을 때 전체의 $\frac{1}{18}$이 남는 것은 당연하다.

요컨대 18마리의 낙타를 $\frac{1}{2}$, $\frac{1}{3}$, $\frac{1}{9}$씩 분배하면 18마리의 $\frac{1}{18}$, 곧 $18 \times \frac{1}{18} = 1$(마리)가 남아야 한다. 그래서 이 1마리는 화학에서의 촉

매 역할을 한 셈이다.

　이 문제를 해결한 할아버지는 이 사실을 미리 꿰뚫어 보고 있었던 것이다.

7
음수의 참뜻

음수는 단지 계산에만 등장하는 가짜 수가 아니고, 현
실 세계의 여러 가지 장면에 쓰이는 실제의 양(量)을
나타내는 수이다.

양수에서 음수로
수직선 위에 음수를 나타내다!

　지금 여러분의 호주머니 속에 500원짜리 동전 하나가 있다고 하자. 또 이 돈으로 300원짜리 공책 한 권을 살 수 있다고 하자. 그러나 이 돈으로 800원 하는 두툼한 공책은 살 수 없다. 이럴 때 500−800이라는 계산은 왜 안 될까 하고, 꼼꼼히 따져보는 사람은 아마도 거의 없을 것이다.

　이미 기원전 수 세기쯤부터 인도나 중국에서는 이 '500−800'이라는 뺄셈을 할 줄 알고 있었으며, 인도 사람은 음수를 '부채(빚)'라고 불렀고, 중국 사람은 빨갛게 물들인 산대(계산에 쓰이는 막대)로 이것을 나타냈다.

　지금도 예산이 마이너스가 되었다는 것을 '적자(赤字)'라는 말로 표현하는데, 이 낱말의 유래가 이것이다.

　그러나 유럽에서는 음수의 개념이 아주 늦게 싹텄다. 음수의 생각은 인도로부터 유럽으로 전해졌으나, 곧바로 보급되지는 않았다. 유럽인들이 음수를 당연한 것으로 받아들이기 시작한 것은 데카르트(R. Descartes, 1596~1650)가 음수를 직선 위에 나타내면서부터였다.

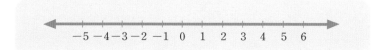

음수가 실제의 수로서 자격을 인정받고 자연수와 함께 정수의 체계를 이루게 된 것은 다름 아닌 0 덕분이었다. 음수가 '빚' 또는 '적자'를 나타내는 수로서 다루어졌다 해도 0이 없었다면, 정수라는 새로이 확대된 수 세계를 이루지는 못했을 것이기 때문이다.

생각할수록 0을 발견한 인도인은 정말 위대한 민족이다.

음수는 가짜의 수?
실생활에서 유용한 음수

음수란 무엇일까?

교과서에는 보통 음수란 '0보다 작은 수'라고 설명되어 있다. 이 설명을 읽고 이상하다고 느껴본 적이 있는 사람도 많을 것이다. '0은 아무것도 없는 상태인데, 그보다도 작다니?' 하고 말이다.

귤 3개를 가지고 있다가 3개 모두 먹고 나면 나머지는 0이 된다. 그렇다면 아무것도 없는 것보다 작은 수? 도대체 그런 수가 있을까? 아니, 그런 수는 실제로 존재하지 않는다고 생각한 적이 있을 것이다.

이러한 의문을 갖는 것은 결코 머리가 나쁜 탓이 아니다. 오히려 바람직한 생각이다. 의문이 생기면 그 의문을 그냥 두지 않고 충분히 이해가 갈 때까지 따져보고 문제를 해결해 나가는 태도가 중요하다.

16세기쯤 유럽의 수학자들도 음수는 0보다 작은 수라고 하면서 실제로는 존재하지 않는 가짜의 수라고 생각하고 있었다. 하기야, 지금의 어른들도 대개는 음수는 실제로 있는 것이 아니고 수학 속에서만 다루어지는 수라고 여기고 있는 것 같다.

그렇다면 '실제로 존재하는 수'란 어떤 것을 말하는가? 아마, 누구라도 자연수 1, 2, 3, …은 실제로 존재한다고 생각하고 있을 것이다. 그래서 자연수라고 말이다. 그러나 1, 2, 3, …이라는 수는 사실 어디에도 존재하고 있지 않다. 이들 수를 사용하면 실제로 쓸모가 있기 때문에 우리 인간의 머릿속에서 만들어진 작품일 뿐이다. 이런 뜻에서라면, 음수도 실제로 쓸모가 있으면, 당당히 '실제로 존재하는 수' 속에 끼어들어 갈 수 있지 않은가! 자, 그러면 음수가 실제로 쓰임새가 있는지 알아보자.

여기서 주의할 것은 음수가 '0보다 작은 수'라고 할 때 0은 아무것도 없다는 뜻이 아니라 기준으로서의 0을 가리킨다는 사실이다.

지금 A, B, C라는 세 사람이 있을 때, A의 키는 151.1cm, B의 키는 156.5cm, C의 키는 163cm라고 하자.

이때 B에 비해 A, C 두 사람의 신장의 차이가 얼마나 있는지 말해 보라 한다면, B의 신장을 0cm라고 할 때, A는 −5.4cm, C는 +6.5cm가 된다. 이처럼 −5.4cm와 같은 음수는 실제로 존재하고 있다.

이 보기에서와 같이 음수는 단지 계산에만 등장하는 가짜 수가 아니고, 현실 세계의 여러 가지 장면에 쓰이는 실제의 양(量)을 나타내는 수이다.

실제로 온도계를 만

드는 경우를 생각해 보면 음수가 있기 때문에 큰 수를 사용하지 않아도 된다. 물이 얼 때의 온도를 0℃로 하여, 그보다 낮은 온도를 마이너스(−)로 나타내고 있다. 그 밖에 바다(수면) 위쪽의 높이를 (+), 그 아래쪽을 (−)로 나타낸다든지, 출발 지점을 0으로 하여 동쪽 방향을 (+)라고 할 때 서쪽 방향은 (−)로 나타낸다든지, ' − '의 실제 쓰임새는 아주 많다.

음수의 곱셈(1)
부정의 부정은 긍정?

왜 '음수×음수'는 양수가 되는 것일까? 인도인처럼 음수를 빚, 양수를 재산에 비유한다면, '빚에 빚을 곱하면 재산'이 된다는 것인데 도저히 이해가 되지 않는다.

그보다는 마이너스를 '아니다'로, 플러스를 '그렇다'로 해석하면, 이 계산 법칙을 이해하기 쉽다. 우리말에 '아닌 게 아니라 그렇다'라는 표현이 있는데, 이것이 바로 '음수×음수=양수'와 딱 들어맞는 말이다.

그러나 더 수학적으로 이 법칙을 설명하는 방법이 있다.

1은 $2-1$, $3-2$, $4-3$, …이고, 2는 $3-1$, $4-2$, $5-3$, …이므로 이것들은 다음과 같이 나타낼 수 있다.

$$1=(2,\ 1)=(3,\ 2)=(4,\ 3)=\cdots$$
$$2=(3,\ 1)=(4,\ 2)=(5,\ 3)=\cdots$$

이 생각을 더 확대하여, 모든 정수를

$$(a,\ b) \quad \cdots\cdots ❶$$

과 같은 꼴로 나타내 보자. 이 경우에는 $a > b$이면 ❶은 양수이고, $a < b$이면 음수이다.

그러므로, 두 정수 (a, b), (c, d)의 덧셈은

$$(a, b) + (c, d) = (a-b) + (c-d) =$$
$$(a+c) - (b+d) = (a+c, b+d) \quad \cdots\cdots ❷$$

와 같이 된다. 예를 들어

$$(1, 2) + (2, 1) = (1+2, 2+1) = (3, 3) = 3-3 = 0$$

그런데 $(1, 2) + (2, 1)$은 $(1-2) + (2-1) = -1+1$이므로 보통의 계산과 일치한다. 그리고 곱셈은

$$(a, b) \times (c, d) = (a-b) \times (c-d) = (ac+bd) - (bc+ad)$$
$$= (ac+bd, ad+bc) \quad \cdots\cdots ❸$$

실제로 $(3, 1) \times (5, 2) = (17, 11)$이다.

$(-1) \times (-1)$은 $(1, 2) \times (1, 2)$와 같이 나타낼 수 있으며, 이것을 ❸과 같이 계산해 보면

$$(1, 2) \times (1, 2)$$
$$= (1 \times 1 + 2 \times 2, \ 1 \times 2 + 2 \times 1)$$
$$= (5, 4)$$
$$= 1$$

이 된다.

이와 같이, 양수끼리의 곱셈을 음수가 섞인 수(정수)의 곱셈으로까지 확대하면 음수×음수=양수여야 한다는 것을 알 수 있다.

음수의 곱셈 (2)
모순이 없는 계산 법칙을 만들어라!

　작곡을 해 두면 훗날에 시인이 그 곡에 맞춰서 가사를 지을 수 있다. 수학자는 음악가와 비슷한데, 하나의 곡에 가사가 얼마든지 있을 수 있는 것처럼 수학은 공식 하나에 대해서도 그것에 알맞은 과학적 사실이 얼마든지 있다.

　다른 과학에서는 어떻든지 간에 수학에서는 그 안에서 모순이 없는 것을 중요시한다. 그래서 곱셈의 법칙에서 유도된 것이 나눗셈의 법칙에서는 모순이 되어서는 결코 안 된다.

$$(+3) \times (+2) = (+6) \text{에서} (+6) \div (+2) = (+3),$$
$$(+3) \times (-2) = (-6) \text{에서} (-6) \div (-2) = (+3),$$
$$(-3) \times (+2) = (-6) \text{에서} (-6) \div (+2) = (-3),$$
$$(-3) \times (-2) = (+6) \text{에서} (+6) \div (-2) = (-3)$$

다시 말해서

$$(\text{양수}) \div (\text{양수}) = (\text{양수})$$
$$(\text{음수}) \div (\text{음수}) = (\text{양수})$$
$$(\text{음수}) \div (\text{양수}) = (\text{음수})$$
$$(\text{양수}) \div (\text{음수}) = (\text{음수})$$

즉, 곱셈과 같이 양수를 양수로 나누면 부호가 바뀌지 않고 음수로 나눌 때는 바뀐다.

말하자면, $a \div b = c$와 $a = b \times c$는 같은 뜻이기 때문에 나눗셈에서의 이 법칙은 곱셈의 경우를 바꾸어 나타낸 것에 지나지 않는다. 따라서 곱셈의 법칙에서 모순이 되지 않는 나눗셈 법칙을 유도할 수 있는 것은 너무도 당연하다.

하나의 곡에 맞춰서 얼마든지 가사를 만들 수 있듯이, 하나의 식에 대해서 얼마든지 다른 해석을 할 수 있다. 문제는 식에 모순이 있느냐 없느냐이다.

그러나 문제는 아직 남아 있다. 흔히 재산은 플러스, 부채는 마이너스라 하는데 (부채)×(부채)=(재산)이라는 공식에 대한 의문이 생긴다. 그러나 사실은 "(부채)×(부채)는 어떤 의미가 있는 것일까?"라고 물으면 아무도 선뜻 바른 설명을 할 수 없을 것이다.

옳은 것을 옳다고 하면 옳고
틀린 것을 틀린다고 해도 옳지.

옳은 것을 틀리다고 하면 틀리고
틀린 것을 옳다고 해도 틀려.

곱셈, 나눗셈은 원래 돈 사이의 관계를 나타내는 것이 아니다. (+)와 (−)를 사용하는 곱셈 법칙은 다음과 같다.

(1) 절댓값을 곱한다.

(2) (+)와 (+)의 경우, 또 (−)와 (−)의 경우는 그 절댓값의 곱에 (+)를 붙이고, (−)와 (+) 또는 (+)와 (−)의 경우는 (−)를 붙인다.

요컨대, 앞에서도 말했듯이 어떤 수에 (+)의 수를 곱한다는 것은 처음 수의 부호를 바꾸지 않는다는 것이고, 반대로 (−)의 수를 곱한다는 것은 부호를 바꾸는 결과가 나온다.

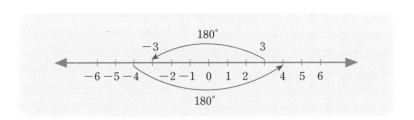

특히 직선상에 수의 자리를 정하여 만든 수직선을 가지고 생각할 때 어느 수에 (−)를 곱하는 것은 점의 위치를 0을 중심으로 해서 180° 회전한 것과 같은 결과가 된다. 보기를 들면

$$(+3) \times (-1) = (-3)$$
$$(-4) \times (-1) = (+4)$$

즉, 점 3을 180° 회전하면 −3이 되고 점 −4를 180° 회전하면 4가 된다.

또 (+1)을 곱하는 것은 점의 위치를 바꾸지 않는다는 것이 된다.

$$(+3) \times (+1) = (+3)$$
$$(-4) \times (+1) = (-4)$$

이 법칙을 이용하면 (+5)×(+2)는 5의 위치를 회전시키지 않고, 그대로 점의 위치를 2배 늘린다는 뜻이고, (+5)×(−2)=(+5)×(−1)×(+2)이기 때문에 (+5)를 0을 중심으로 180° 회전시킨 후,

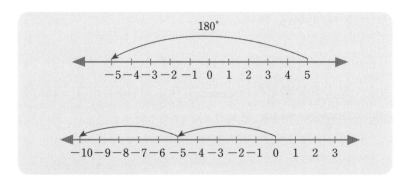

다시 점의 위치를 2배 늘린 것이라 생각할 수 있다.

이렇게 설명하면 일단 (−)×(−)와 (+)×(+), (−)×(+), (+)×(−)의 직선상에서의 의미를 알 수 있지만, 과연 대수의 공식

을 만들 때 이런 것까지 생각했었을까?

물론 그렇지는 않다. 이 방법은 단순히 곱셈의 공식을 설명하기 위해 편의상 참고로 한 것에 불과하다. 역사적으로 보아도 $(-) \times (-) = (+)$의 문제에 대해서는 말썽이 많았다.

지금으로부터 400년 전쯤의 이야기인데, 그 당시의 일류 수학자들이 열심히 이것에 관해 토론했었다. 심지어 어떤 수학자는 $(-) \times (-) = (+)$는 틀린 것이라고 주장했고, 이 이론에 지친 로마의 수학 교수 클라비우스(C. Clavius, 1537~1612)는, "플러스, 마이너스의 곱셈 법칙을 설명하려고 하지 말자. 이것이 진리라고 이해하지 못하는 것은 인간의 능력이 부족해서이다. 그러나 이 법칙이 정확하다는 것은 의심의 여지가 없고 수많은 실례도 있지 않은가!"라고 말했다.

수학은 다른 과학과 크게 다르다. 이를테면 다른 과학에서는 자연, 경제 현상 등이 외부 세계에 이미 존재하고 있지만 수학에서만은 '수학 현상'이라고 부를 만한 것이 존재하지 않는다.

도대체 사람들은 1+1=2라는 것을 번갯불에서의 전기의 작용, 만유인력 때문에 떨어지는 사과, … 등에 관해서처럼 납득시킬 만한 확실한 근거를 갖고 있는 것일까?

수학의 수는 번갯불처럼 우리의 밖에 존재하고 있는 것이 아니라, 우리가 머릿속에서 만들어낸 것이기 때문이다.

그래서 수학에서는 기본적인 약속인 '정의'라는 말을 쓴다. 1+1=2가 된다는 것도 그러한 정의의 하나이다.

정의 중에는 모든 사람이 무의식적으로 생각하고 있는 것을 새삼스럽게 나타낸 경우도 있고, 마이너스 수의 곱셈 규칙처럼 일부 사람들이 경험하고 있는 사실을 근거로 해서 만들어진 것도 있다. 이렇듯 약속이 쓸모가 있다고 생각되면 받아들여지고 그렇지 않을 때는 외면당한다. 처음 0이나 음수가 인도나 동양에서 유럽으로 건너간 다음, 몇 세기 동안 푸대접을 받은 것은 그 때문이다.

다시 한번 말하지만 정의란 것은 약속이기 때문에 이 약속에 맞지 않는 현상이 있으면 당초부터 생각 밖의 것으로 돌려져서 다루어지지도 않기 때문에 모순은 나타날 수조차 없다.

절대값의 정의
일상생활에서 더 잘 통하는 절대값

　수학에서는 플러스(+), 마이너스(−)의 수를 배우고 난 다음에 '절대값'의 이야기가 나온다. 초등학교에서는 그런 말을 쓰지 않아도 얼마든지 계산을 할 수 있었다. 그렇다면 중학생이라고 해서 일부러 어려운 기호를 쓰게 한 것일까? 별로 쓰임새가 없는데도 말이다. 결코 그렇지가 않다.

　옛날에 아주 합리적인 생각을 좋아하는 학자가 있었다. 이 학자는 어느 날, 자신의 몸에 있는 모든 부분이 필요에 의해 생긴 것이지만, 남자의 젖꼭지만은 아무리 생각해도 불필요한 것이라고 생각하였다. 그래서 이 쓸모 없는 부분을 과감하게 면도칼로 베어냈다가 빈사지경에 이르고 말았다고 한다. 예로부터 "섣부른 훈수는 화를 부른다"라고 했다.

　이 '절대값'이라는 수학의 용어는 남성의 젖꼭지 정도가 아니라, 현실적으로도 필요가 있는 것이다.

　수학 교과서에는 곱셈에 관한 법칙이 다음과 같이 정리되어 있다.

(1) 같은 부호를 가진 두 수의 곱은 각 절대값의 곱에 양(+)의
부호를 붙인다.

(2) 서로 다른 부호를 가진 두 수의 곱은 각 절대값의 곱에
음(−)의 부호를 붙인다.

그러니까 절대값이라는 뜻을 모르면 이러한 연산 규칙을 이해할
수 없다. 이 절대값에 대한 설명은 다음과 같이 되어 있다.

'수직선 상의 어떤 점과 원점과의 거리를 나타내는 수'

이것을 식으로 나타내면

$$|3| = 3, \; |-3| = 3, \; |0| = 0$$

이 되는데, 이 식을 통해 절대값을 다음과 같이 정의할 수 있다.

'절대값이란 주어진 수에서 플러스, 마이너스 부호를 떼어낸 수'

그러면 왜 | |와 같이 이상한 기호를 써서 복잡하게 수를 나타낼
까? 일상생활에서 | |의 기호를 사용하는 사람은 없다. 하지만 주의
해서 생각해 보면, | |의 기호나 절대값이란 말은 쓰지 않는다 해도,
생활 속에서는 이러한 의미를 지닌 대화가 자주 등장한다.

"200원만 빌려주십시오"라는 말을 수학적으로 엄격하게 말한다
면, "플러스 200원 빌려주십시오" 또 "마이너스 200원 빌려줍니다"
라고 표현된다. 하지만 실제로 그렇게 말하는 사람은 없다. 여기서
200원은 내가 당신에게 얻을 때는 플러스이지만 그 반대의 입장에

서는 마이너스이다. 하여간 어느 쪽이든 200원이 왔다갔다 한 것만
은 사실이다.

돈이 오고 간 방향을 무시한 200원이 곧 절대값이다. 가령, 어떤
사업에서 장사가 잘되면 10만 원의 흑자가 나고 못되면 10만 원의
적자가 난다고 할 때 흑자니 적자니 생각하지 않은 10만 원이 곧 절
대값이다. 일상생활에서는 금전 관계를 말할 때 +100원, -100원,
빚 100원이라고 일일이 말하지 않고 그냥 100원이라고 한다. 이것
은 나와 너라는 간단한 사이에서 잘 통한다. 그러나 수학은 복잡한
관계식을 다룬다. 그러기에 특별히 | |의 기호나 절대값이라는 말을
이용해야만 쉽게 계산할 수가 있다.

8
분수와 소수

고대 사회에서 수, 그것도 분수를 다룰 줄 아는 서기는

그야말로 기적을 베푸는 마술사로 비쳐졌을 것이다.

분수가 유리수인 이유
유리수의 나라는 민주주의!

　옛 그리스 시대에 분수는 수로서의 자격을 인정받지 못하고 있었다. 그러나 비록 $\frac{1}{2}$이라는 분수 꼴의 표현은 쓰지 않았다 할지라도, 1 대 2라는 비의 생각은 가지고 있었으며 이것을 분수 대신으로 썼었다. 다만 1 대 2를 $\frac{1}{2}$로 나타내지 못했고, 따라서 이것을 수라고 생각하지 않았을 뿐이다.

　초등학교에서 '분수'라고 불렀던 $\frac{1}{2}$이나 $\frac{2}{3}$ 등을 중학교에서 '유리수'라고 부르게 되는 이유는 무엇일까? 유리수라는 이름이 중학생

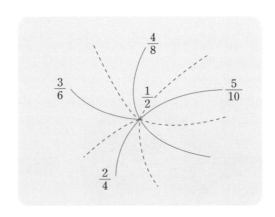

의 위치에 걸맞은 표현이기 때문일까? 아니, 결코 그런 이유 때문이 아니다. 가령 $\frac{1}{2}$, $\frac{2}{4}$, $\frac{3}{6}$, $\frac{4}{8}$, $\cdots$ 등을 약분하면 모두 $\frac{1}{2}$이지만, 이것들은 분수로서는 서로 다르다.

좀 까다로운 이야기가 될지 모르지만, $\frac{1}{2}$은 2배하여 1이 되는 것, $\frac{2}{4}$는 4배하여 2가 되는 것으로 이들은 분수로서는 서로 다르다. 다음 그림을 보아도 $\frac{1}{2}$이라는 분수와 $\frac{2}{4}$라는 분수는 확실히 다르다.

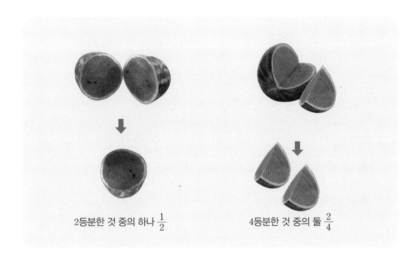

2등분한 것 중의 하나 $\frac{1}{2}$ 4등분한 것 중의 둘 $\frac{2}{4}$

그러나 우리는 초등학교 때부터 이것들을 같은 수로 간주하고 계산해 왔다. 즉, 본래는 서로 다른 $\frac{1}{2}$, $\frac{2}{4}$, $\frac{3}{6}$, $\cdots$ 등을 하나로 묶어서 생각한 것이다. 그러니까 $\frac{1}{2}$을 $\frac{1}{2}$, $\frac{2}{4}$, $\frac{3}{6}$, $\cdots$ 즉

$$\left\{ \frac{1}{2}, \frac{2}{4}, \frac{3}{6}, \frac{4}{8}, \cdots \right\}$$

라는 집합의 대표로 삼은 셈이다.

이와 같이 약분하면 같아지는 분수를 통틀어 하나의 유리수로 생각한다. 가령, 하나 하나의 유리수를 한국인, 미국인, 영국인, … 등의 집합에 빗대어보면, 분수는 이들 각 집합에 속하는 사람, 그러니까 이들 나라에 사는 사람들로 간주할 수 있다.

$\frac{1}{2}$을 유리수라고 할 때에는 이것이 $\frac{1}{2}$, $\frac{2}{4}$, $\frac{3}{6}$, …이라는 분수의 무리를 대표하고 있다는 뜻인데, 마찬가지로 $\frac{2}{3}$는 $\frac{2}{3}$, $\frac{4}{6}$, $\frac{6}{9}$, $\frac{8}{12}$, …이라는 무리를 대표한다.

이러한 사실은 약분해서 같아지는 분수들을 한데 모아, 그것을 $\frac{1}{2}$ 팀, $\frac{2}{3}$팀 등으로 구분해서 부르는 것과 같다.

$\frac{1}{2}$팀과 $\frac{2}{4}$팀이 같은 이유는 이들이 단지 대표선수의 선출 방식만이 다를 뿐이기 때문이다. 여기서는 무엇을 대표로 삼아도 되기 때문에 유리수의 나라는 민주주의인 셈이다.

이집트인의 분수 계산
분수를 계산하는 사람은 기적의 마술사?

옛 이집트인들은 야자 열매를 세 사람이 똑같이 나누었을 때의 한 사람의 몫, 즉 지금의 우리가 $\frac{1}{3}$이라고 부르는 수를 𓂓와 같이 나타내었다. 그러나 야자 1개를 두 사람이 똑같이 나누었을 때의 한 사람 몫은 𓐍이 아니다. 2개의 야자 열매를 세 사람이 똑같이 나누었을 때의 한 사람 몫, 즉 $\frac{2}{3}$를 그들은 𓐍 기호로 나타내었다.

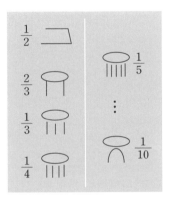

어찌된 셈인지, 이집트인들은 분수의 기호 중에서 $\frac{1}{2}$과 $\frac{2}{3}$만은 색다르게 표시하였다. 지금의 우리 상식으로는 $\frac{1}{2}$을 나타내야 마땅한 𓐍를 $\frac{2}{3}$로 부르다니. 그러나 그 나름의 이유가 있었음이 틀림없다.

현재 초등학생들조차 척척 계산할 줄 아는 일반의 분수 대신에 이집트인들은 분자가 1인 단위분수만을 썼는데, 예외적으로 $\frac{2}{3}$만은 그대로 사용하였다. 뭔가 특별한 이유가 있었겠지만 어쨌든, 이 분수에 대해서만은 단위분수와 같은 친숙감을 느끼고 있었던 게 틀림없다.

한편, $\frac{2}{3}$ 이외에는 모두 단위분수뿐인데, 이것들로 어떻게 분수계산을 했을까? 이대로 한다면, 가령 $\frac{3}{4}$, $\frac{4}{5}$ 는 각각 다음과 같이 나타나야 한다.

$$\frac{3}{4} = \frac{1}{2} + \frac{1}{4}$$

$$\frac{4}{5} = \frac{2}{3} + \frac{1}{10} + \frac{1}{30}$$

그러나 다음 그림을 보면 모든 분수를 단위분수 꼴로 나타낸다는 것은 지극히 자연스럽다는 것을 알 수 있다. 어린이 네 사람에게 사과 세 개를 주면서 똑같이 나누어 먹으라고 하면, 아이들은 그림과 똑같이 할 것이 틀림없다.

다만 한 가지 다른 것이 있다면, 이집트인들이 $\frac{2}{3}$ 를 즐겨 사용했다는 점이다. 할 수만 있으면, 먼저 $\frac{2}{3}$ 를 구하고 그 나머지를 단위분수로 나타내는 방법을 그들은 썼던 것이다.

단위분수로 모든 분수를 나타낸다는 것은 자연스럽기는 하지만, 실제로 계산을 할 때는 이만저만 번거로운 일이 아닌데 하는 걱정은 하지 않아도 된다. 다른 분수를 단위분수로 고치는 환산표를 만들어서 따로 가지고 있었으니까 말이다. 마치 오늘날의 초등학생들이 사용하는 곱셈구구표처럼.

옛 이집트인들은 나일강가에 자라고 있는, 갈대를 닮은 '파피루스'라는 풀의 섬유로부터 종이를 만들고, 이 종이에 파피루스의 줄기로 만든 붓으로 글을 썼다. 오늘날 '린드 파피루스', 또는 '아메스의 파

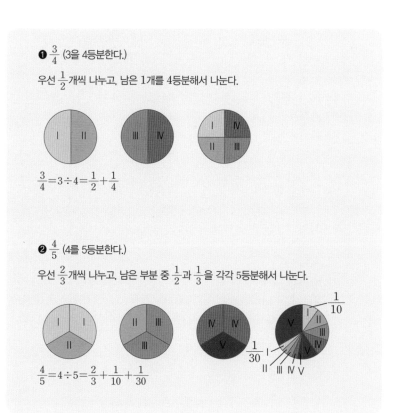

❶ $\frac{3}{4}$ (3을 4등분한다.)

우선 $\frac{1}{2}$개씩 나누고, 남은 1개를 4등분해서 나눈다.

$$\frac{3}{4}=3\div4=\frac{1}{2}+\frac{1}{4}$$

❷ $\frac{4}{5}$ (4를 5등분한다.)

우선 $\frac{2}{3}$개씩 나누고, 남은 부분 중 $\frac{1}{2}$과 $\frac{1}{3}$을 각각 5등분해서 나눈다.

$$\frac{4}{5}=4\div5=\frac{2}{3}+\frac{1}{10}+\frac{1}{30}$$

피루스'라는 이름으로 알려진 길이 약 5.64m, 폭이 약 33cm인 이 문서는, 수학에 관한 내용이 적혀 있는 것으로, 영국인 린드(A. H. Rhind)에 의해 발굴되었기 때문에 '린드 파피루스'로, 그리고 이 수학 문서의 끝에 이 글을 적었던 아메스라는 서기(書記)의 이름이 실려 있기 때문에 '아메스의 파피루스'로 불리고 있다.

이 '서기'를 지금의 관청 서기와 비슷한 지위의 사람으로 착각해서는 안 된다. 서기를 양성하는 학교에 다니는 아들에게 보내는 아버지의 격려 편지가 지금도 남아 있는데, 그 안에는 다음과 같은 구

2÷홀수의 표	1~9÷10의 표
$2÷3=\overline{3}$	$1÷10=\overline{10}$
$2÷5=\overline{5}\ \overline{5}$	$2÷10=\overline{5}$
$2÷7=\overline{4}\ \overline{28}$	$3÷10=\overline{5}\ \overline{10}$
$2÷9=\overline{6}\ \overline{18}$	$4÷10=\overline{3}\ \overline{15}$
$2÷11=\overline{6}\ \overline{66}$	$5÷10=\overline{2}$
$2÷13=\overline{8}\ \overline{52}\ \overline{104}$	$6÷10=\overline{2}\ \overline{10}$
$2÷15=\overline{10}\ \overline{30}$	$7÷10=\overline{\overline{3}}\ \overline{30}$
$2÷17=\overline{12}\ \overline{51}\ \overline{68}$	$8÷10=\overline{\overline{3}}\ \overline{10}\ \overline{30}$
$2÷19=\overline{12}\ \overline{76}\ \overline{114}$	$9÷10=\overline{\overline{3}}\ \overline{5}\ \overline{30}$
$2÷21=\overline{14}\ \overline{42}$	
$2÷23=\overline{12}\ \overline{276}$	
$2÷25=\overline{15}\ \overline{75}$	
$2÷27=\overline{18}\ \overline{54}$	
$2÷29=\overline{24}\ \overline{58}\ \overline{174}\ \overline{232}$	
$2÷31=\overline{20}\ \overline{124}\ \overline{155}$	
……	
……	
$2÷89=\overline{60}\ \overline{356}\ \overline{534}\ \overline{890}$	
$2÷91=\overline{70}\ \overline{130}$	
$2÷93=\overline{62}\ \overline{186}$	
$2÷95=\overline{60}\ \overline{380}\ \overline{570}$	
$2÷97=\overline{56}\ \overline{679}\ \overline{776}$	*단, $\overline{\overline{3}}=\dfrac{2}{3}$를, 그리고 $\overline{3}$, $\overline{15}$ 등은
$2÷99=\overline{66}\ \overline{198}$	편의상 각각 $\dfrac{1}{3}$, $\dfrac{1}{15}$ 등을 나타내는
$2÷101=\overline{101}\ \overline{202}\ \overline{303}\ \overline{606}$	것으로 한다.

절이 있다.

"너는 어떤 종류의 고된 육체 노동에도 종사해서는 안 된다. 그리고 명성 높은 서기가 되어야 한다는 것을 명심해라. 서기라는 지위는 노동과는 동떨어진 직업이다. 명령을 내리는 사람인 것이다. …

"… 너는 기어이 서기의 붓을 들어야 한다. 이 붓이야말로, 노를 젓는 사나이와 너를 구별짓는 것이란다……."

문자를 읽고 쓸 줄 아는 사람, 특히 숫자를 쓰고 계산할 줄 아는 사람이, 계산을 못하는 서민들에게서 얼마나 존경을 받았는지는 충분히 짐작할 만하다. 당시의 전제적인 관료국가에서 이러한 능력이 중요시되었다는 사실을 염두에 둔다면 더욱 그렇다.

"아는 것이 힘"은 영국의 철학자 프랜시스 베이컨의 말이지만, 따지고 보면 고대 사회일수록 그랬던 것 같다.

고대 사회에서 수, 그것도 분수를 다룰 줄 아는 서기는 그야말로 기적을 베푸는 마술사로 비쳐졌을 것이다.

유한소수와 순환소수
순환이 시작되는 곳은 어디?

분수를 소수로 고치면 반드시 '유한소수'이거나 '순환소수'가 된다. 왜 그럴까?

분수를 소수로 고칠 때, 분자가 분모로 나누어떨어지면 유한소수가 된다. 예를 들어보자.

$$\frac{3}{4}=0.75 \ , \ \frac{5}{8}=0.625$$

그렇다면, 나누어떨어지지 않는 경우는 어떻게 될지 생각해 보자.

$$\frac{5}{7}=0.7142857\cdots$$

이렇게 끝이 없는 무한소수가 된다. 그런데 분수를 소수로 고쳤을 때 나오는 무한소수는 반드시 같은 수의 배열이 되풀이되는 순환소수가 된다.

어떤 수를 7로 나누어서 나누어떨어지지 않을 때의 나머지는 1, 2, 3, 4, 5, 6 중의 어느 하나이다.

따라서 7로 계속 나누어가면 언젠가는 같은 나머지가 나오게 된다. 그 이후로는 다시 같은 계산이 되풀이되어, 답은 순환소수로 나타나는 것이다.

위의 보기에서 5를 7로 나눈 나머지는 차례로 5, 1, 3, 2, 6, 4, 5, …인데, 6번째에 5가 처음의 5 이후에 다시 나오기 때문에, 이 이후로는 또다시 앞에서 했던 것과 같은 계산이 되풀이된다.

따라서 답은 714285라는 숫자의 배열이 순환하는 순환소수이다.

그러면 $\frac{1217}{2743}$ 을 소수로 고치면 소수점 이하 몇 자리부터 순환이 시작될까?

이 분수는 분모·분자가 둘 다 소수이기 때문에 더 이상 간단한 꼴로는 나타낼 수 없다. 이것을 소수로 고치기 위해서는 1217÷2743

이라고 하는 아주 복잡한 계산을 치러야 한다. 분명한 것은 답이 순환소수로 나온다는 사실이다.(분수를 소수로 고치는 것이니 당연!) 그런데 이 수의 경우에는 계산기를 사용해도 순환마디, 즉 처음으로 순환이 시작되는 곳까지의 수를 찾아낼 수 없다.

왜냐하면 순환마디가 가장 큰 경우에는 분모의 수보다 1만큼 작은 수까지의 자리수가 순환마디가 되는 엄청나게 복잡한 수가 되기 때문이다. 즉, 잘못하면 소수점 이하 2742자리째에 비로소 순환이 시작되는 일이 생기게 된다.

순환이 시작할 때까지 끈기있게 셈을 한다 해도 너무도 벅찬 일이다. 그러니까 실제로는 "답이 없음!?"이라고 손을 들어야 할 지경이 된다. 그러면 왜 순환마디는 가장 클 때 분모의 수보다 1만큼 작은 자리수가 되는 것일까?

이에 관해서는 처음에 보기를 든 $\frac{5}{7}$를 소수로 고치는 문제에서 이미 답을 얻은 셈이다. 즉, $5 \div 7$의 나머지를 자세히 살펴보면 1, 3, 2, 6, 4의 차례로 되어 있는데, 이것들은 모두 나누는 수보다 작다. 나머지가 0일 때는 나누어떨어지는 경우이기 때문에 7보다 작은 수는 모두 6개가 된다.

즉, 7로 나누었을 때의 순환마디는 최대 6자리가 된다. 마찬가지로 1217을 2743으로 나누었을 때는 최대 2742자리이다. 그것은 나누는 수보다 작은 수 모두가 나머지가 되는 경우가 된다.

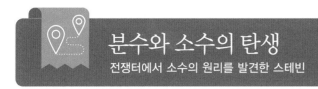

계산의 '3대 발명'이라고 불리는 것은 첫째, 우리가 늘 사용하고 있는 아라비아 숫자에 의한 표시법, 즉 기수법이다. 이 방법은 고대 인도인들이 발명한 것을 이후에 아라비아 사람들이 유럽에 보급시켜 오늘에 이른 것이다. 그러니까 정확히 말하면, 앞에서 이야기한 바와 같이 인도·아라비아 숫자라고 해야 옳다.

둘째는, 네이피어(J. Napier, 1550~1617)가 발명했던 대수(對數)이다.

셋째는, 소수의 발명이다.

이 소수를 발명한 사람은 벨기에의 수학자 스테빈(S. Stevin, 1548~1620)이다. 그가 1584년 소수를 발표할 당시에는 3.268을 3⓪2①6②8③과 같이 복잡하게 나타냈다. 오늘날과 같은 표시법은 네이피어에 의해 시작되었다. 그때가 1617년이니까 스테빈이 처음 발명한 때부터 33년이나 지난 후의 일이다.

그렇기에, 소수가 만들어진 것은 그리 오래된 일은 아니다. 어림잡아 이집트인이 처음 분수를 사용한 시기가 BC 1800년쯤이므로, 분수의 사용 후 3,000년도 더 지나서야 소수가 쓰이기 시작한 셈이다.

이 두 계산법이 인류의 역사에 등장한 시간의 격차를 생각하면, 사람은 물건을 나누는 일을 정확히 재는 일보다 더 중요시했음을 알 수 있다.

소수와 분수는 둘 다 0과 1 사이에 있는 수를 나타낼 수 있다. 그러나 이들이 처음에 나온 동기는 전혀 달랐다.

분수는 나눗셈을 할 때 생겼다. 1을 2, 3, $\cdots$, n 등으로 나누면 $\frac{1}{2}$, $\frac{1}{3}$, $\cdots$, $\frac{1}{n}$이 생기므로, a를 b로 나눈 것은 $\frac{a}{b}$로 나타낼 수 있다. 즉, 정수들 사이에서 하는 나눗셈이 분수였다.

반면, 소수는 나눗셈보다는 물건의 길이를 재거나 양을 구하는 것에서 생긴 것이다. 가령 생선의 길이를 재기 위해 자를 대었을 때 다음 그림과 같은 일이 생긴다.

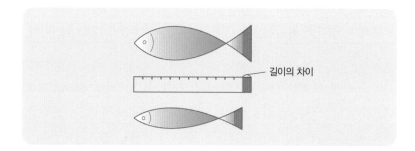

길이의 차이

이 그림을 보게 되면 밑에 있는 생선보다 위의 생선이 약간 길다. 이에 대해 처음에는 '약간 길다'는 정도로 말했다. 그러나 사회 생활이 복잡해지고, 화폐 경제가 발달하면서 그런 식의 표현이 불편하게 되었다. 그리하여 마침내 소수를 사용하게 되었다.

지금 우리는 학교에서 소수와 분수를 거의 동시에 배우고 있다.

하지만 이들의 발명 시기는 상당히 차이가 있는 것이다.

　뿐만 아니라 소수와 분수는 0과 1 사이의 수를 나타낸다는 공통점을 이용하여, 이들 사이의 관계도 학습한다. 그만큼 현대 사회는 정확히 재는 일에 많은 관심을 가지고 있다.

　지금으로부터 400여 년 전의 벨기에는 스페인의 지배로부터 벗어나기 위한 독립 전쟁이 한창이었다. 이 독립군의 회계 책임자로 시몬 스테빈이라는 장교가 있었다. 독립군의 경리부는 기부를 받거나 빚을 얻어 쓰면서 식량비나 병사의 급료 등을 지불하느라고 언제나 복잡한 계산에 시달려야 했다. 특히 이자 계산은 골치를 아프게 만들었다.

이자가 $\frac{1}{10}$일 때에는 간단하였으나, $\frac{1}{11}$이니 $\frac{1}{12}$일 때에는 갑자기 계산이 복잡해진다. 그 당시 이자는 모두 단위분수로 나타내는 관습이 있었다. 이 때문에 간단히 계산할 수 있는 방법이 없을까 밤낮으로 궁리하고 있던 스테빈에게 어느 날 좋은 생각이 머리에 떠올랐다.

"그렇구나! 이자의 분모를 모두 10이나, 100, 1000 등으로 하면 되겠다. $\frac{1}{11}$은 거의 $\frac{91}{1000}$과 같기 때문에 $\frac{9}{100}$로 나타내고, 또 $\frac{1}{12}$은 $\frac{8}{100}$을 대신 쓰도록 채권자들과 합의만 하면 계산은 훨씬 간단해지지."

스테빈의 이 발견은 아주 좋은 결과를 가져왔다. 이와 같이 이자를 나타내면 복잡한 나눗셈에 골치를 앓을 것도 없이 누구든지 간단히 계산할 수 있기 때문이다. 그래서 그는 곧 이자가 $\frac{1}{10}$에서부터 $\frac{5}{100}$까지의 여러 가지 경우를 계산한 표를 만들어서 출판하였다.

1584년의 일이었다. 그런데 자기가 만든 복잡한 이자 계산표를 바라보고 있던 스테빈은 문득 이런 생각을 가졌다.

"$\frac{3328}{10000}$이니 $\frac{259712}{1000000}$니 하는 분수꼴로 되어 있으니, 어느 쪽이 큰 수인지 분간할 수 없는데, 알아보기 쉽고도 편리하게 나타내는 방법이 없을까? …… 아, 그렇지! 이 두 수 중의 어느 쪽이 더 큰 수인가를 판가름하기 위해서는, 분자의 수끼리만을 비교해서는 안 되고, 분모의 수도 함께 비교해 보아야 한다. 그러니까, 분모에 0이 몇 개 있으며, 분자가 몇 자리의 수인가를 동시에 알아볼 수 있어야만 한다. 그렇다면 이렇게 쓰면 어떨까?"

$$\frac{2\ 5\ 9\ 7\ 1\ 2}{1\ 0\ 0\ 0\ 0\ 0\ 0} \qquad \frac{3\ 3\ 2\ 8}{1\ 0\ 0\ 0\ 0}$$

⬇   ⬇

①②③④⑤⑥   ①②③④
2 5 9 7 1 2   3 3 2 8

위와 같이 쓰면, 같은 ① 자리에 있는 수는 오른쪽이 크다는 것을 당장에 알 수 있다. 이 방법은 현재의 소수인 0.259712, 0.3328과 실질적으로 똑같은 것이다.

그는 이 내용을 《소수에 관하여》라는 이름으로 1585년에 출판하였다.

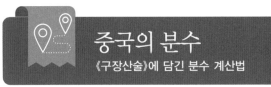
분자가 1인 분수(단위분수)는 이미 이집트에서 쓰이고 있었지만,
1 이외의 임의의 수가 분자가 되는 분수는, 유럽에서는 이보다 훨씬
뒤인 16세기쯤에야 사용되기 시작하였다. 그것도 비율을 나타내는
분수(비율분수)에 지나지 않았다.

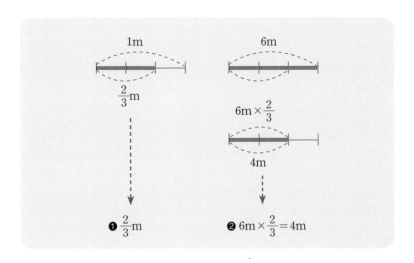

이때의 $\frac{2}{3}$는, 똑같이 쓰면서도 전혀 딴판이다. ❶의 $\frac{2}{3}$는 길이를

나타내는 분수이고, ❷의 $\frac{2}{3}$는 비율을 나타내는 분수이다. ❷에서는 6m를 1로 생각했을 때, 그것의 $\frac{2}{3}$니까 4m가 된다. 그러나 ❶의 $\frac{2}{3}$는 일정한 양을 나타내고 있다.

옛 그리스인들도 비율을 수학에 사용했으나, 아직 이것을 분수로 나타내지는 못하였다. 위의 보기에서 말한다면, '4m는 6m의 $\frac{2}{3}$(배)이다'라고는 하지 못하고 '4m:6m=2:3'과 같이 표현하였다. 물론 m라는 단위는 당시에 없었다.

이 비율로서의 분수에서 일정량으로서의 분수로, 그러니까 분자 따로 분모 따로의 생각에서 분자와 분모를 한 묶음으로 하는 분수의 개념에 도달하기까지는 오랜 세월에 걸친 사고의 전환이 필요했다.

그런데 놀랍게도, 길이·넓이의 분수가 늦어도 3세기경에 중국에서 이미 쓰이고 있었다. 중국의 《구장산술(九章算術)》이라는 수학책의 제1장에는 직사각형 밭의 넓이를 구하는 문제와 그 답, 그리고 계산 방법이 실려 있는데 그중의 하나를 보기로 들면 다음과 같다.

Q 지금 여기에 밭이 있다. 가로는 $\frac{4}{7}$보(步), 세로는 $\frac{3}{5}$보이다. 넓이는 얼마인가?

답 | $\frac{12}{35}$제곱보

계산법 | 분모와 분모를 곱하여 답의 분모로 삼고, 분자와 분자를 곱하여 답의 분자로 삼는다.

위의 문제에서 '보'는 길이의 단위로 지금의 약 1.5m에 해당한다. 이 밭의 넓이가 아주 작은 것은 아마 초보적인 계산 연습을 위해서 였던 모양이다. 실제로 현대식으로 나타내면 다음과 같은 분수 계산 이 나온다.

$$7\frac{3}{4}보 \times 15\frac{5}{9}보 = 120\frac{5}{9}제곱보$$

여기서 우리의 흥미를 끄는 것은 지금의 분자, 분모 등의 낱말이 그 무렵부터 쓰이고 있었다는 사실이다. 분수를 읽는 방법도 지금과 똑같았다. 이 책에는 분모·분자를 약분하는 방법에 대해서까지 설명하고 있다.

> **Q** | 91분의 49를 약분하면 얼마인가?
>
> 답 | 13분의 7
>
> 계산법 | 분모·분자를 함께 반으로 나눌 수 있을 때는 그렇게 하고, 할 수 없을 때는 따로 분모·분자의 수를 놓고 큰 쪽에서 작은 것을 뺀 다. 이 절차를 거듭하여, 두 수의 최대공약수(등수(等數))를 구하고, 이것으로 분모·분자를 나눈다. (유클리드의 호제법!)

왜 중국에서는 이처럼 일반분수가 다루어졌던가? 바꿔 말하면, 왜 그리스를 비롯한 유럽에서는 일반분수가 쓰이지 않았을까? 이 문제는 아주 흥미를 끌지만 이것은 중국인과 유럽인의 사고의 차이, 그리고 그 배후에 깔린 사회의 차이 등을 따져야 하는 문제가 된다.

이집트에는 매의 머리를 가진 '호루스'라는 이름의 신이 있다. 그러니까 '호루스의 눈'이란 매의 눈을 뜻하기도 한다. 이 '호루스의 눈'에 관해서 다음과 같은 신화가 전해지고 있다.

하늘의 신과 땅의 신 사이에서 태어난 오시리스는 이집트를 다스리면서 나라를 미개의 상태로부터 문명국으로 발전시켰다. 그의 동생 세트는 형의 성공을 시기한 나머지 흉계를 꾸며 형을 죽이고 시체를 상자에 넣어 나일강에 흘려 보냈다. 오시리스의 아내 이시스는 이 상자를 강기슭에서 건졌으나 다시 세트에게 빼앗겨 버렸다. 이것을 빼앗은 세트는 또다시 오시리스의 시체를 토막으로 쪼개어 이집트 각지에 뿌려 버렸다. 하지만 이시스는 이것을 꼼꼼히 주워 모아서 형체나마 남편의 모습을 되찾게 하였다. 그런 후, 사자(死者)의 신이 오시리스의 시체를 미라로 만들었다. 이시스는 자신의 날개로 이 시신에 부채질하여 남편을 되살아나게 하였다. 그리하여 오시리스는 저승의 왕이 되었다.

한편, 오시리스의 아들로 나중에 '신 중의 신'으로 섬겨지게 될 호루스는 세트를 무찌르고 왕위에 오르지만, 이때 세트는 그의 눈을 뽑아내어 산산조각으로 만들어버린다. 그러나 지혜의 신 토트가 눈의 조각들을 모아서 기적적으로 원래 모습을 되찾게 해 주었다는 이야기이다.

이 신화를 근거로 하여 이집트인은 다음 페이지 그림과 같이 눈 전체를 1로 하여 눈의 각 부분에 단위분수(單位分數, 분자가 1인 분수)를 배치하였다. 그러나 이 분수의 전체를 더한 것은 1이 되지 않는다. 왜 그럴까? 부족한 부분인 $\frac{1}{64}$ 은 토트신이 보충하기 때문이라고 한다.

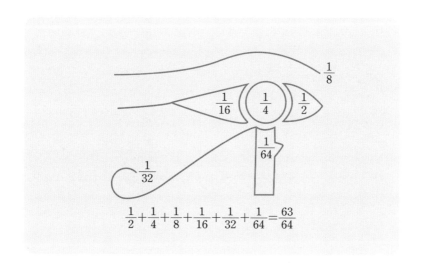

$$\frac{1}{2}+\frac{1}{4}+\frac{1}{8}+\frac{1}{16}+\frac{1}{32}+\frac{1}{64}=\frac{63}{64}$$

　그래서 이집트에서는 단위분수를 '호루스 분수'라고 부른다. 과연
신화의 나라 이집트다운 이야기이다.

9
무리수의 탄생

수를 확장하면서 복잡한 계산을 하게 되고 보다 어려

운 문제를 접하게 되었다. 그러나 그를 통해 얻는 이

점이 훨씬 많아지게 되었다.

피타고라스 정리와 무리수
왜 그리스인은 대수를 버리고 기하를 택했는가?

'피타고라스의 정리', 즉 직각삼각형의 높이 a, 밑변 b, 빗변 c 사이에는 언제나 $a^2+b^2=c^2$의 관계가 성립한다는 정리는 기하학을 배운 사람이면 누구나 잘 알 것이다.

이 사실은 피타고라스보다 1,200년 전의 메소포타미아에도 알려져 있었다. 이 지식을 이용하여 정사각형의 대각선의 길이를 아주 정밀하게, 실용상 전혀 불편 없이 셈하고 있었다. 또 중국에서는 단순한 실용상의 쓰임새 정도가 아니라 이론적으로도 정리되었다. 《구장산술(九章算術)》, B.C. 2세기경)

문제는 이제부터이다. 메소포타미아나 중국에서는 정사각형의 변의 길이를 재는 자(척도)로 대각선의 길이를 잴 수 있는가 잴 수 없는가 하는 것 따위는 전혀 문제로 삼지 않았다. 그런데 피타고라스는 실용적으로는 아무런 쓸모가 없는 이 문제에 집착하여 결국 그것이 불가능하다는 것을 증명하고 말았다.

한 변의 길이가 1인 정사각형이 있다고 하자. 이 정사각형에 대각선 하나를 생각하여 빗변, 즉 처음 정사각형의 대각선 길이를 x로 두어 이 직각삼각형에 피타고라스의 정리를 적용하면, 다음과 같다.

$$x^2 = 1^2 + 1^2, \text{즉 } x^2 = 2$$

이 식은 한 변의 길이가 1인 정사각형의 대각선의 길이인 x는 제곱하면 2가 되는 수라는 것을 나타내고 있다.

이러한 수, 즉 제곱하면 2가 되는 양수를 $\sqrt{2}$로 나타낸다는 것을 여러분은 이미 잘 알고 있을 것이다. 피타고라스는 이 $\sqrt{2}$가 $\frac{정수}{정수}$의 꼴, 즉 유리수로도 나타낼 수 없음을 발견하였다. 이 결과에는 자신도 놀라서 결국 그 사실을 숨기고 말았다. 왜 그는 그토록 당황했던 것일까?

❶ $\sqrt{2}$를 나타내는 기호를 가지고 있지 않았기 때문이다.

❷ 소수(무한소수)를 써서 근사적으로 나타내는 방법을 몰랐기 때문이다.

❸ $\sqrt{2}$가 실용성이 없는 수임을 알았기 때문이다.

❹ 수로서는 정수(자연수)만을 인정하는 그들의 입장 때문이다.

이 물음에 대한 해답을 아래의 보기에서 찾아보자.

정사각형의 한 변의 길이를 기준(단위) 삼아 빗변의 길이를 잴 수 없다는 것은 피타고라스로서는 놀랍거나 당황스러운 일 정도가 아니라, 그가 주장하는 근본 원리를 뒤흔드는 날벼락과도 같은, 아니 그의 학파 자체가 망하느냐 사느냐를 가름하는 대사건이었다. 그런 대사건인데도 이 발견의 성과는 실용적으로 아무 쓸모가 없는 것이었다니.

그런데도 이 '입 밖에 내서는 안 되는 수'를 발견하고 게다가 그 증명까지 할 수 있었다는 것은 수학적으로 아주 중요한 의의를 지니고 있다. 그 때문에 피타고라스 학파가 망하든 말든 말이다. 이것은 순수수학을 향해 깃발을 내딛게 되었음을 알리는 우렁찬 신호 소리이자 그로부터 2천여 년 후인 19세기에 정립된 무리수의 이론에까지 이어지는 크나큰 업적이었기 때문이다.

지금의 우리들은 한 변의 길이가 1인 정사각형의 대각선 길이는 $\sqrt{2}$임을 잘 알고 있다. 그래서 무리수(또는 순환하지 않는 무한소수)를 몰랐던 그리스인들에 대해서 동정 어린 우월감으로 대하려는 사람도 있다. 그러나 천만의 말씀. 그리스인들은 정수의 비가 될 수 없는 '무리비(無理比)'를 너무도 잘 알고 있었다. 그리스인들이 $\sqrt{2}$를 하나

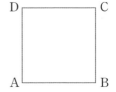

TIP 정사각형의 빗변의 길이는 정수의 비로 나타낼 수 없다

정사각형 A, B, C, D의 대각선 AC를 변 AB와 공통의 길이로(같은 단위를 사용해) 잴 수 있다고 하자. 그리고 이 것들의 길이를 나타내는 값들 사이에 공약수가 있을 때는 이것으로 나누어 서로소(素)가 되도록 한다. 이러한 두 값을 a, b로 하면,
$$\overline{AC}^2 : \overline{AB}^2 = a^2 : b^2 \ (a > b)$$
라는 관계가 성립하고, 또
$$\overline{AC}^2 = \overline{AB}^2 + \overline{BC}^2, \ \overline{BC} = \overline{AB}$$이므로 $\overline{AC}^2 = 2\overline{AB}^2$
따라서, $a^2 = 2b^2$ …… ❶

위의 ❶에서 a^2은 짝수, 따라서 a는 짝수, a와 b는 서로소이기 때문에, b는 홀수. a는 짝수이므로 $a = 2c$로 놓으면, 위의 ❶로부터 $4c^2 = 2b^2$, 즉 $b^2 = 2c^2$이므로 b^2은 짝수. 따라서 b는 짝수.

그런데, b는 홀수였으므로 이것은 모순이다. 따라서 $\overline{AC}$와 $\overline{AB}$를 공통의 길이로 잴 수 있다고 한 가정은 성립하지 않는다.

즉, 이 둘을 공통으로 재는 길이는 존재하지 않는다.

이것은, 정사각형에서 (대각선의 길이) : (변의 길이)$= a : b$와 같이 되는 서로소인 자연수 a, b는 존재하지 않는다는 것을 말한다.

의 수로 인정하지 않았던 것은 무지의 탓이 아니라 오직 정수(자연수)에만 고정시킨 수의 정의를 지나치게 고집한 때문이다. 그들은 수의 이론을 엄밀하게 세우기 위해서 수 속에 분수마저도 끼지 않게 하여 그것을 정수의 비로 나타낼 정도로 이론에는 깔끔했던 것이다. 그런 사람들이 '대각선 바로 그것'이 아닌 근사값 정도에 만족했을 턱이 없었다.

나중에 그리스에서 기하학이 주로 발달하게 된 것도 그들의 '이론적인 결벽성'과 깊은 관계가 있다. 수(정수)의 영역에서는 방정식 $x^2 = 2$는 해가 없으며, 수의 비(유리수)의 영역에서도 답을 구할 수 없다. 그러나 선분의 영역에서는 구할 수 있다. 실제로 단위정사각형(한 변의 길이가 1인 정사각형)의 대각선이 그 '해'인 것이다. 따라서 수를 정수에 국한시킨 채 2차방정식을 정확히 풀려면, 어쩔 수 없이 그 영역을 도형의 영역으로 옮겨야 한다.

수를 도형으로 나타내는 '기하학적 대수'는 이처럼 무리수도 나타낼 수 있을 뿐 아니라 정밀한 과학이기도 하였다. 그러니까 그리스인들이 기하학으로 수학을 대표한 것은, 눈으로 볼 수 있는 도형을 통해 수학을 즐기기 위해서였다기보다는 수학에서 이론적인 엄밀성을 지키기 위해서는 수(=유리수)에 한계를 느꼈기 때문이다.

$X^2 = 2$
$X = ?$

$\sqrt{2}$

1

1

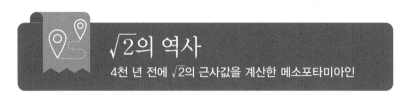
다음 그림과 같이 메소포타미아에서 발견된 진흙판에 3개의 수가
적혀 있다.

$a=30$(왼쪽 위)

$b=1 ; 24, 51, 10$(중앙 윗부분)

$c=42 ; 25, 35$(중앙 아랫부분)

메소포타미아에서 60진법이 쓰였었다는 사실을 염두에 두면,

$$b=1;24,\, 51,\, 10=1+24/60+51/60^2+10/60^3$$
$$c=42;25,\, 35=42+25/60+35/60^2$$

따라서,

$$ab=30+720/60+1530/60^2+300/60^3=42+25/60+35/60^2=c$$

그러니까 이 진흙판의 수수께끼는 이들 a, b, c 세 수 사이의 관계를 나타내고 있는 것임을 알 수 있다.

여기서 가운데의 수 b는 한 변의 길이가 1인 정사각형의 대각선의 길이 $\sqrt{2}$를 나타내고 있다는 것을 알 수 있다. 그렇다면, 소수점 이하 몇 자리까지 정확한 값을 나타내고 있는가? 답은 다섯째 자리이다.

$$b=1+0.4+0.01416+0.0000462\dot{9}$$
$$=1.41421296296\cdots\fallingdotseq\sqrt{2}$$

이처럼 B.C. 2000년경에 이미 소수점 이하 다섯째 자리까지 정확하게 $\sqrt{2}$의 값을 셈할 줄 알았다는 것은 정말 놀라운 일이다.

$\sqrt{2}$의 근사값을 손쉽게 구하는 방법으로 다음과 같은 것이 있다. 아래 그림과 같이 한 변의 길이가 12인 정사각형 ABCD를 생각한다. 그러면 그 대각선 AC를 한 변으로 하는 정사각형 ACEF의 넓이는 처음의 정사각형 ABCD의 넓이의 2배가 된다. 즉,

$$\overline{AC}^2 = 2 \times \overline{AB}^2$$
$$= 2 \times 12^2 = 288 \doteqdot 289 = 17^2$$

따라서

$$\overline{AC} \doteqdot 17$$

그런데,

$$2 = \frac{\overline{AC}^2}{\overline{AB}^2}$$
$$\therefore \ \sqrt{2} = \frac{\overline{AC}}{\overline{AB}} \doteqdot \frac{17}{12} = 1.4166\cdots$$

이것은 소수점 이하 둘째 자리까지 정확하다.

위의 계산에서는 $\overline{AC}^2$을 $17^2(=289)$으로 잡았으나, 실제값은 이보다 조금 작기 때문에

$$(17-x)^2 = 2 \times 12^2$$

과 같이 놓으면, $\sqrt{2}$의 근사값은 어떻게 나타날까?

$$(17-x)^2 = 2 \times 12^2$$
$$289 - 34x + x^2 = 288$$

그런데 x는 작은 수이므로 x^2을 무시해서 계산하면,

$$289 - 34x \fallingdotseq 288$$
$$x \fallingdotseq 1/34$$

즉,

$$\left(17 - \frac{1}{34}\right)^2 \fallingdotseq 2 \times 12^2$$

그러므로

$$\sqrt{2} \fallingdotseq \frac{1}{12} \times (17 \times 34 - 1)/34 = \frac{577}{408}$$
$$= 1.4142156\cdots$$

이것은 소수점 아래 다섯째 자리까지가 정확하다. 더 정밀하게 근사값을 구하고 싶으면,

$$(577 - y)^2 = 2 \times 408^2$$

와 같이 놓고 계산하면 된다. 이때,

$$\sqrt{2} \fallingdotseq \frac{1}{408} \times \frac{(577 \times 1154 - 1)}{1154}$$
$$= \frac{665857}{470832} = 1.4142135\cdots$$

이것은 소수점 아래 여섯째 자리까지가 정확하다.

분수 $\dfrac{5}{17}$ 를 소수꼴로 나타내면, 0.294117647⋯과 같이 된다. 그렇다면 역으로 소수꼴로 되어 있는 것을 분수로 고치는 방법이 있는가? 있다. 이른바 '유클리드의 호제법'을 사용하면 된다.

그 방법은 주어진 소수의 역수를 만들고, 거기서 정수 부분을 분리시키는 일부터 시작한다. 위의 소수를 예로 들면,

$$\frac{1}{0.2941176470}=3+\frac{0.117647059}{0.294117647} \quad \cdots\cdots \text{❶}$$

과 같이 쓴다. 마찬가지로 새로운 분수의 역수를 생각하여, 여기서도 정수 부분을 분리시킨다.

$$\frac{0.294117647}{0.117647059}=2+\frac{0.058823529}{0.117647059} \quad \cdots\cdots \text{❷}$$

$$\frac{0.117647059}{0.058823529}=2+\frac{0.000000001}{0.058823529} \quad \cdots\cdots \text{❸}$$

❸의 식의 아주 작은 나머지 0.000000001은, 당초 무한소수 0.2941176470⋯의 열째 자리까지만을 다룬 데서 생긴 것이 분명하

므로 무시해도 좋다. 따라서 이 무한소수 $N = (0.2941176470\cdots)$는 다음과 같이 나타낼 수 있다.

$$N = \cfrac{1}{3 + \cfrac{1}{2 + \cfrac{1}{2}}}$$

실제로 계산해 보면, 앞의 식 ❶, ❷, ❸은 다음과 같이 나타낼 수 있다.

$$\frac{1}{N} = 3 + \frac{1 - 3N}{N} \quad \cdots\cdots ❶'$$

$$\frac{N}{N'} = 2 + \frac{N - 2N'}{N'} \cdots\cdots ❷'$$

$$(N' = 1 - 3N)$$

$$\frac{N'}{N''} = 2 + 0 \quad\quad \cdots\cdots ❸'$$

$$(N'' = 1 - 2N')$$

따라서

$$N = \cfrac{1}{3 + \cfrac{1}{2 + \cfrac{1}{2}}}$$

이러한 분수를 '번분수'라고 부른다는 것은 잘 알고 있겠지만, 이 번분수를 만들어내는 기막히게 멋진 조작에 주목할 필요가 있다. 분모를 계속 바꾸어가면서 근사값을 자꾸자꾸 만들어간다는 점이 그것이다. 지금의 예에서는 이 과정이

$$\frac{1}{3}, \quad \cfrac{1}{3 + \cfrac{1}{2}} = \frac{2}{7}, \quad \cfrac{1}{3 + \cfrac{1}{2 + \cfrac{1}{2}}} = \frac{5}{17}$$

의 3단계로 끝났지만, 더 길어지는 경우도 물론 있다. 주어진 수가 무리수, 즉 분수의 영역 밖의 것일 때는 이 과정이 영원히 계속된다. 그러나 어떤 경우이든 이 방법을 쓰면 주어진 소수를 아주 보기 좋게 나타낼 수 있다.

무리수의 분수(번분수) 표현

$\sqrt{2}$를 소수로 나타내면 $1.41421356\cdots = 1 + 0.41421356$과 같이 그 규칙성을 전혀 알 수 없는 비순환 무한소수가 된다. 이것을 앞에서와 같이 정수와 소수 부분을 분리시켜 생각하면,

$$1 - 2 \times 0.414213562 = 0.171572876$$
$$0.414213562 - 2 \times 0.171572876 = 0.071067810$$
$$0.171572876 - 2 \times 0.071067810 = 0.029437256$$
$$0.071067810 - 2 \times 0.029437256 = 0.012193298$$
$$\cdots\cdots$$

가 된다. 따라서

$$\sqrt{2} = 1 + \cfrac{1}{2 + \cfrac{1}{2 + \cfrac{1}{2 + \cfrac{1}{2 + \cdots}}}}$$

위의 번분수에서 2가 한없이 계속되는 것은 결코 우연이 아니다. 그것은 이 식의 오른쪽 변의 1을 좌변으로 옮겨서 얻은 $\sqrt{2} - 1$의 값이

$$\frac{1}{2}, \frac{2}{5}, \frac{5}{12}, \frac{12}{29}, \frac{29}{70}, \frac{70}{169}, \frac{169}{408}, \frac{408}{985}, \frac{985}{2378}, \cdots$$

와 같이 되기 때문이다. 이 번분수의 값이 $\sqrt{2}$에 얼마든지 가까워진

다는 사실은 아주 흥미가 있다.

예를 들면 408/985의 근사값은 0.41421319…인데, 이 수는 소수점 아래 일곱째 자리가 $\sqrt{2}$의 참값보다 4만큼, 그러니까 4/10000000만큼 작을 뿐이다.

그다음 985/2378의 근사값 0.414213624…는 소수점 아래 여덟째 자리가 실제값보다 6만큼 클 뿐이다.

같은 방법으로 $\sqrt{3}$을 번분수로 전개하면 1, 2, 1, 2, …와 같이 1과 2가 한없이 번갈아 나타난다. 이처럼 번분수로 표시하는 편이 소수로 전개하는 것보다 훨씬 아름다울 뿐 아니라 외우기 쉬운 꼴이 된다.

$$\sqrt{2}=1+\cfrac{1}{2+\cfrac{1}{2+\cfrac{1}{2+\cfrac{1}{2+\cfrac{1}{2+\cdots}}}}}$$

$$\sqrt{2}=1+\frac{1}{2}+\frac{1}{2}+\frac{1}{2}+\cdots$$
$$=[1:2\ 2\ 2\cdots\cdots]$$
$$=[1:\dot{2}]\quad \text{(2 위의 점은 2가 순환하는 것을 나타낸다.)}$$

$$\sqrt{3}=1+\cfrac{1}{1+\cfrac{1}{2+\cfrac{1}{1+\cfrac{1}{2+\cfrac{1}{1+\cfrac{1}{2+\cdots}}}}}}$$

$$\sqrt{3}=1+\frac{1}{1}+\frac{1}{2}+\frac{1}{1}+\cdots$$
$$=[1:1\ 2\ 1\ 2\cdots\cdots]$$
$$=[1:\dot{1}\ \dot{2}]\quad \text{('12'가 순환하는 것을 나타낸다.)}$$

위의 식에서 쓰이는 기호에 관해서 설명하면, 우선 ' : '의 앞의 숫자는 각각 $\sqrt{2}$, $\sqrt{3}$의 정수 부분을 나타낸다. 그리고 [ ]는 이른바 '가우스 기호'이며(가우스가 처음에 사용했다고 해서 이렇게 부른다), 양수 a에 대해서 $[a]$는 a의 정수 부분을 나타낸다. 예를 들어 2.5의 정수 부분은 2이기 때문에 $[2.5]$는 2이다.

앞에서 이야기한 소수의 번분수 전개를, 이 [ ]를 써서 다시 생각해 보자. a라는 수를 번분수로 전개하기 위해서는 먼저 이 a를 정수 부분 $[a]$와 소수 부분 d_1의 합 $[a]+d_1$으로 나타낸다. 그런데 d_1은 1보다 작기 때문에 $1/d_1$은 1보다 크다. 여기서 다시 $1/d_1$을 정수 부분 $[1/d_1]$과 소수 부분 d_2로 나눈다…. 이러한 절차를 계속해 나가면 되는 것이다. 요컨대 번분수로 전개한다는 것은 그 정수 부분을 다음과 같이 계속 적어나가는 일이다.

$$a=[a]+d_1 \quad \cdots\cdots ❶$$
$$1/d_1=[1/d_1]+d_2 \quad \cdots\cdots ❷$$
$$1/d_2=[1/d_2]+d_3 \quad \cdots\cdots ❸$$
$$1/d_3=[1/d_3]+d_4 \quad \cdots\cdots ❹$$
$$\cdots\cdots$$

위의 식을 $\sqrt{2}$와 $\sqrt{3}$에 적용해 보자.

$$\sqrt{2}=1+(\sqrt{2}-1) \quad \cdots\cdots ❶ \qquad \sqrt{3}=1+(\sqrt{3}-1) \quad \cdots\cdots ❶$$

$$\frac{1}{\sqrt{2}-1}=2+(\sqrt{2}-1) \cdots\cdots ❷ \qquad \frac{1}{\sqrt{3}-1}=1+\frac{\sqrt{3}-1}{2} \cdots\cdots ❷$$

$$\frac{1}{\sqrt{2}-1}=2+(\sqrt{2}-1) \cdots\cdots ❸ \qquad \frac{2}{\sqrt{3}-1}=2+(\sqrt{3}-1) \cdots\cdots ❸$$

$$\cdots\cdots \qquad\qquad\qquad \cdots\cdots$$

그렇다면 번분수로 전개할 때 유리수와 무리수는 어떤 차이가 생길까?

이미 짐작하고 있듯이 유리수는 모두 '유한번분수'이다. 반면에 정수의 제곱근꼴의 무리수는 '무한순환 번분수'가 된다. 그러나 3제곱근 이상의 무리수에 대해서는 아직 2의 3제곱근조차도 번분수로는 어떤 꼴이 되는지 밝혀져 있지 않은 형편이다.

수학이 인류 역사상 그야말로 폭발적인 발달을 이룩하고 있는 지금도 이런 것쯤을 해결 못하고 있다니?! 그러나 어찌 생각하면, 이것은 신으로부터 불을 훔친 프로메테우스 이래, 줄곧 신에 도전해 온 인간의 불손과 오만에 대한 경고 — 사실은 이런 하찮은 것조차도 모르고 있다는 — 의 하나로 볼 수도 있다.

수학자 아벨의 장난
5차방정식의 해법을 풀려 했던 아벨

27세의 젊은 나이로 죽은 노르웨이의 천재 아벨(H. Abel, 1802~ 1829)은 수학을 전문으로 공부할 때에 나오는 고등수학에서 훌륭한 업적을 남긴 수학자이다.

그는 중학교 때에는 공부를 잘하는 학생은 아니었으나 수학만큼은 뛰어나게 잘했다. 대개의 경우 다른 과목은 잘해도 수학을 못한 다는 것은 흔히 있는 일이지만 아벨은 전혀 이것과 반대였으며 중학 교 때부터 어려운 고등수학을 혼자서 배워나갔다.

이렇게 희망에 가득 찼던 아벨도 19세쯤 되는 나이에 목사였던 아 버지를 여의었다. 본래 가난했던 살림이 아버지를 여읜 뒤로는 더욱 더 찌들어서 어머니와 7명의 아이들만으로는 그야말로 한 끼니를 때우기도 어려울 지경이었다.

그러나 아벨은 수학 공부만은 도저히 포기할 수가 없었다. 마침내 큰 결심을 하여 대학에 입학을 하였다. 물론 가난한 아벨은 대학생 이 되어서도 끼니를 굶는 날이 적지 않았다. 추운 겨울 밤에 한 장의 담요 속에서 형님과 얼싸안고 오들오들 떨면서 자기도 하였다.

이처럼 어려운 처지에서 대학을 다녔으나 그는 몹시 친구를 좋아했으며, 친구들과 어울려 이야기하고 있을 때는 언제나 쾌활하였다. 장난꾸러기였던 아벨은 중학 시절의 은사님에게 보내는 편지 끝에

$$\sqrt[3]{6064321219}년$$

이라는 괴상한 날짜 표시를 적기도 하였다.

이 편지를 받은 선생님은, 그에게 수학에 관한 관심을 불러일으켜 고등수학에 관한 여러 가지 번거로운 질문에 대해 친절히 지도해 주었던 호른보애라는 수학 교사였다.

6064321219의 3제곱근은 1823.5908275….

그러니까 이 1823은 서기로 따져 그해, 곧 1823년을 가리키고, 나머지 소수점 이하는 1년을 단위로 했을 때의 소수이기 때문에 날짜로 고치면

$$365 \times 0.5908275… = 215.652…일$$

요컨대 1월 1일로부터 따져 216일째가 된다는 것이며, 그것은 8월 4일에 해당한다. 아벨은 1823년 8월 4일이라고 쓰는 대신에 위와 같은 3제곱근의 식을 썼던 것이다.

여러분은 중학교에서 미지수 x에 관한 1차방정식과 2차방정식의 해법을 배웠다. 가령, 2차방정식의 경우, $ax^2 + bx + c = 0$의 해는

$$\frac{-b \pm \sqrt{b^2 - 4ac}}{2a}$$

와 같이 나타낸다. 3차방정식과 4차방정식도 가감승제의 4칙과 거듭제곱근을 셈하는 방법을 써서 해를 구하는 일반적인 해법이 알려져 있다.

이쯤 되면, 5차방정식도 같은 방법으로 일반적인 해를 구하는 방법이 있을 것 같다고 생각하게 되는 것은 당연하다.

소년 아벨도 그러한 사람 중의 한 사람이었다. 그는 대학에 갓 들어갔을 때, 당시의 수학계의 숙원이었던 이 문제를 풀었다고 착각하여, 그 '답'을 논문으로 엮어 코펜하겐의 학술원에 제출했지만 퇴짜를 맞고 말았다.

"이러한 헛수고로 아까운 재능을 낭비하지 말고, 수학의 대양(大洋)에서 마젤란해협을 발견하도록, 보람 있는 연구에 전념해 주기 바란다"라는 친절한 충고와 함께.

그 후, 아벨은 이 실패를 거울 삼아 5차 이상의 방정식일 때에는 해의 공식이 존재하지 않는다는 사실을 발견했다(1824년). 그리하여, 그는 이번에야말로 마젤란해협보다도 더 의의가 큰 수학의 바다의 통로를 개척하게 된 것이다.

'모든 도형 중에서 가장 아름다운 도형은 원과 구이다.'

지금으로부터 2천 년 이상이나 오랜 고대 그리스 학자들은 입을 모아 이렇게 말하였다.

"원과 구는 어느 방향에서 바라보아도 모양이 똑같다. 이 세상에서 이렇게 조화를 이루는 도형은 달리 찾아볼 수 없다."

또 그리스 최대의 학자로 일컬어지는 아리스토텔레스는 다음과 같이 감탄하였다.

"원과 구, 이것들만큼 신성한 것에 어울리는 형태는 없다. 그러기에 신은 태양이나 달, 그 밖의 별들, 그리고 우주 전체를 구 모양으로 만들었고, 태양과 달, 그리고 모든 별들이 원을 그리면서 지구 둘레를 돌도록 했던 것이다."

옛 그리스의 학자들은 아름다운 원과 구의 모습에 감격한 나머지, 그 아름다움을 우주의 창조주인 신과 결부시켜 생각할 정도였으나, 이 학자들로서도 도저히 이해할 수 없는 일이 한 가지 있었다. 이 아름답게 조화를 이룬 원이나 구도, 원둘레의 길이라든지 넓이 등을 셈하려고 해보면 아름다운, 즉 간단한 숫자로는 나타낼 수 없었던 것이다.

원둘레의 길이는 지름의 약 3배라는 것쯤은 이미 오랜 옛날부터 알려진 사실이며 기독교의 《성경》(구약성서)에도 소개되어 있다. 이 지식은 거목의 둘레의 길이를 잼으로써 그 나무의 지름을 알아낸다는 실제 생활의 필요에서 얻어진 산물이었을 것이다. 이런 경우에는 나무가 둥글다 해도 정확한 원은 아니기 때문에, 원둘레의 길이는 지름의 3배쯤 된다는 정도의 지식이면 충분했던 것이다.

그러나 이치를 따져 설명하기를 좋아했던 그리스의 학자들로서는 이러한 대강의 수치에는 만족할 수 없었다. 원둘레의 길이가 원의 지름의 3배보다 길다는 것은 아래의 그림처럼 원과 그 안에 꼭 들어가는(=내접하는) 정육각형을 그려 보면 알 수 있다. 이 원의 지름을 1이라고 할 때, 정육각형의 한 변의 길이는 0.5이기 때문에 변 전체의 길이는 원의 지름의 꼭 3배가 된다. 그런데 이 정육각형의 한 변의 길이보다 원둘레의 6분의 1의 길이가 더 긴 것은 명백하다.

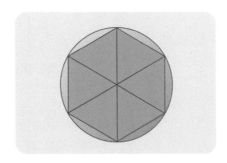

원둘레의 길이가 원의 지름의 3배보다 큰 것이 확실하다면, 4배일까? 아니다. 물론 그렇게 크지는 않다. 3보다 크고 4보다 작은 수. 아

름다운 원도 간단한 수로는 나타낼 수 없는 까다로운(?) 일면을 지니고 있었던 것이다.

원둘레의 길이를 구하는 문제도 어렵지만 원의 넓이를 구하는 것은 더 어렵다. 원의 넓이에 관한 문제는 그리스 시대 훨씬 이전부터 많은 관심을 모아왔다. 기원전 2천 년경 고대 이집트의 수학책에는 원의 넓이는 다음과 같이 구한다고 되어 있다.

"지름에서 그 9분의 1을 빼면 지름의 9분의 8이 남는다.
이것을 제곱하라."

이것을 식으로 나타내면 다음과 같다.

$$\text{원의 넓이} = \left(\frac{8}{9} \times \text{지름}\right)^2 = \frac{64}{81} \times (\text{지름})^2$$

그런데, $(\text{지름})^2 = (2 \times \text{반지름})^2 = 4 \times (\text{반지름})^2$이므로, 위의 식을 아래와 같이 바꿀 수 있다.

$$\frac{64}{81} \times 4 \times (\text{반지름})^2$$

따라서 원주율은 다음과 같다.

$$\frac{64}{81} \times 4 = \left(\frac{16}{9}\right)^2 = 3.16049 \cdots$$

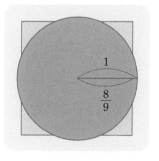

지금으로부터 4천 년 이전이나 오랜 고대 이집트인들은 어떻게 이 공식을 생각해 냈을까? 아마 다음 그림처럼 원과 정사각형을 겹쳐서 그려 보고 원

밖으로 나온 정사각형의 부분과 정사각형 밖으로 나와 있는 원의 부분이 거의 같아진 것은 정사각형의 한 변의 길이가 원의 지름의 $\frac{8}{9}$일 때라는 것을 발견했던 모양이다.

그건 그렇고, 원의 넓이는 한 변이 지름의 9분의 8인 정사각형의 넓이와 같다는 것은 정말일까? 아니다. 실제로는 약간의 차이가 생긴다. 그리스 수학자들은 이 사실을 알고 있었다. 그래서 그들은 원 넓이를 정확히 구하는 방법을 진지하게 연구하기 시작하였다.

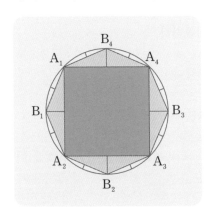

기원전 4백 년쯤의 그리스 수학자 안티폰은 옆 그림처럼 원의 넓이를 셈하는 방법을 생각하였다. 먼저 원에 내접하는 정사각형을 그려서 그 면적을 셈하고, 그다음에 정사각형 밖으로 나와 있는 원의 내부에 각각 그림처럼 이등변삼각형을 그려서 정팔각형을 만들어 그 넓이를 셈하고, 또 그다음에는 정팔각형 밖으로 나와 있는 부분에 이등변삼각형을 그려서 정십육각형을 만들어 그 넓이를 계산하고…. 이런 식으로 이등변삼각형의 넓이를 한없이 더해 가면 마침내는 원의 넓이와 같아진다는 것이다. 이 생각은 그럴듯했지만 정삼십이각형, 정육십사각형, …과 같이 변수가 늘어나게 되면 계산이 터무니없이 복잡해질뿐더러 정확한 셈을 하기도 어려워진다. 그래서 안티폰 자신도 세밀한 계산은 하지 않았던 것 같다.

기원전 3세기의 그리스 과학자 아르키메데스는 이 안티폰의 방법을 조금 개량하여 실제로 원넓이를 계산하였다.

아르키메데스는 자신이 고안했던 '착출법(우유를 짜듯이 내용물을 몽땅 짜내는 방법)'을 이용해서 원주율을 정밀하게 계산하는 데 성공했다. 그 방법이란 대강 다음과 같은 것이었다.

먼저 원을 둘러싼 정사각형을 네 변이 각각 중점에서만 원에 외접하도록 그린다. 이 정사각형의 넓이는 물론 원의 넓이보다 크다. 이 넓이가 $(2r)^2 = 4r^2$이라는 것은 쉽게 알 수 있다. 한편, 원의 내부에 그려진 정사각형(네 모서리에서만 원과 접하는)은 확실히 원의 넓이보다 작다. 이 넓이는 $2r^2$이다. 원의 넓이는 이 두 값 사이에 있어야 한다.

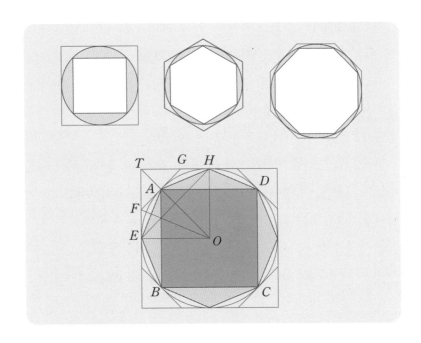

다음에는 육각형에 대해서 생각해 보자. 외접하는 정육각형은 앞의 외접정사각형보다 넓이가 작다. 그만큼 육각형이 사각형보다 원에 가깝다는 이야기가 된다. 역으로 내접하는 정육각형은 내접하는 정사각형보다 크다. 그 넓이는 역방향에서 원의 넓이에 접근한다.

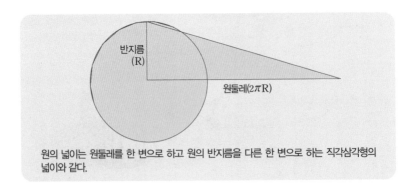

원의 넓이는 원둘레를 한 변으로 하고 원의 반지름을 다른 한 변으로 하는 직각삼각형의 넓이와 같다.

이런 식으로 내접 및 외접(정)다각형의 변의 수가 많아질수록 그 변은 더욱더 원주에 접근하게 되고, 원의 넓이는 그럴수록 자꾸만 좁혀진 울안으로 갇히게 된다.

아르키메데스는 이 절차를 96각형까지 계속해 간 끝에 근사방법을 써서 결국 원의 넓이는 $3\frac{10}{71}(=3.140845\cdots)r^2$과 $3\frac{1}{7}(=3.142857\cdots)r^2$의 사이에 있다는 것, 그러니까 구하는 원주율은 3.1408과 3.1429 사이에 있어야 한다는 사실을 밝혀냈다(원주율은 약 3.14159).

아르키메데스보다 더 정확한 원주율을 처음 계산한 사람은 5세기의 중국 수학자 조충지(祖沖之, 429~500)라는 사람이었다.

동양의 원주율 계산
호기심으로 밝혀낸 원주율의 근사값

동양 특히 중국에서의 원주율에 관한 연구는 유럽에서만큼 꾸준하지는 못했으나, 고대에는 그런대로 활발했으며 유럽보다 무려 1천여 년 앞선 업적을 남기기까지 하였다.

B.C. 1000년경에 엮어진 것으로 짐작되는 중국에서 가장 오래된 수학책《주비산경(周髀算經)》에서는 지름이 1일 때, 원의 둘레는 3, 곧 원주율을 3으로 잡고 있다. 이 책 다음으로 오래된 '중국의 유클리드 원론'으로 일컬어지는《구장산술(九章算術)》(B.C. 100년쯤?)에서도 $\pi = 3$으로 쓰이고 있다.

이 후 π의 값은 중국에서는 다음과 같이 셈하였다.

- 서기 9년경 — 3.154 (유흠)
- 서기 9년경 — $\sqrt{10}$ (왕망)
- 서기 100년경 — $\sqrt{10}$ (장형)
- 서기 261년 — 3.141 (유휘)
- 서기 370~447년 — 3.1428 또는 $\dfrac{22}{7}$ (하승천)

그 후 송나라 효무제 때의 역학자인 조충지는 원주율의 값을 다음과 같이 셈하였다.

$$3.1415926 < \pi < 3.1415927$$

대강의 값으로 $\pi = \dfrac{22}{7}$, 정밀한 값으로 $\pi = \dfrac{355}{113} = 3.1415929\cdots$를 구하였다. 이 정밀값은 소수점 아래 여섯째 자리까지가 정확하다. 메티우스(A. Metius, 1527~1607)가 이 근사값을 얻게 된 것은 조충지보다 실로 천 년이 지난 후의 일이었다.

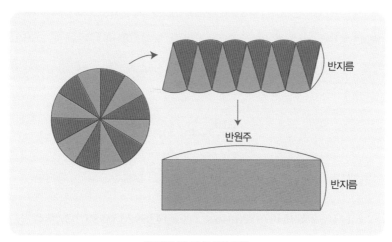

《구장산술》 중 유휘의 주석

남송 사람인 양휘가 지어낸 《양휘산법(楊輝算法)》(1275)이라는 수학책은 세종대왕 때에 우리나라에 전해졌으며, 그 후 줄곧 조선 수학에 중요한 영향을 미쳤다. 《양휘산법》 속에는 원형의 농토 넓이를 구하는 문제의 답으로써 '지름을 제곱하여, 이것을 3번 더하여 4로 나눈다.' 곧,

$$\text{원의 넓이} = \frac{3}{4}d^2\,(d는\ 지름)$$

과 같이 되어 있다. 그러니까 양휘는 옛 그대로 $\pi = 3$을 써서 수학 문제를 풀고 있었던 것이다.

천주교는 동양에서의 포교를 위해서 뛰어난 학문을 과시하는 것이 가장 좋은 방법이라 생각하여 특히 천문학, 수학 등에 조예가 깊은 선교사를 중국에 파견하였다. 이 결과 17~18세기 때 중국은 유럽의 최고의 과학 지식에 접할 수 있었다.

선교사로서는 처음으로 1582년에 중국 땅을 밟은 마테오 리치(Matteo Ricci)는 동양 최초의 세계 지도를 작성하였으며, 《기하원본(幾何原本)》을 비롯한 많은 수학, 천문학 책을 펴냈다. 마테오 리치의 뒤를 이어 1624년에 중국에 온 선교사 자크 로(Jacques Rho, 중국명은 '나아곡')는 아르키메데스가 구했던 값

$$3\frac{10}{71} < \pi < 3\frac{1}{7}$$

이외에, 루돌프(Van C. Ludolf, 1540~1610)의 계산으로 짐작되는

$$3.14159265358979323846 < \pi < 3.14159265358979323847$$

을 소개하였다.

그 후, 100년이 지난 1723년(청, 옹정 1년)에 《수리정온(數理精蘊)》이라는 수학책이 왕명에 의해 엮어졌는데, 이 안에 원주율의 계산이 자세히 설명되어 있다. 곧 원에 내접·외접하는 정육각형과 정사각형으로부터 시작하여, 그 변수를 차례로 2배씩 했을 때의 한 변의 길이를 자세히 셈한 다음에 마지막으로 다음과 같은 결과를 적어 놓고 있다.

내접 6×2^{33}각형의 둘레

$=3.14159265358979323\overset{*}{8}29006741101775054384$

내접 2^{35}각형의 둘레

$=3.1415926535897932384\overset{*}{3}1541553377501511680$

외접 6×2^{33}각형의 둘레

$=3.141592653589793238\overset{*}{4}6027300889141980416$

외접 2^{35}각형의 둘레

$=3.14159265358979323\overset{*}{8}6565893092947066880$

(정확한 π값은 '＊'표시를 붙인 소수점 아래 18자리, 19자리, 20자리, 18자리까지이다.)

조선 말엽 형조 판서를 지낸 귀족 정치가이자, 당시의 대표적인 수학자이기도 했던 남병길(1820~1869)의 《산학정의(算學正義)》 (1867)라는 수학책에서는 원넓이를 셈하면서 $\pi=3.1415926535$로 어림잡고 있다. 이 값은 아마도 위의 《수리정온》에서 얻은 것으로 짐작된다.

이보다 앞서 실학자 홍대용(1731~1783)도 《수리정온》을 참고로 한 수학책 《주해수용(籌解需用)》을 지었는데, 여기서는 $\pi=3$으로 하여 셈하고 있다.

조선 천문학의 금자탑이라 일컬어지는, 일찍이 세종 24년(1442)에 완성된 《칠정산(七政算)》에서도 소수점 이하 5자리까지 자세히 계산하는가 하면 π의 값을 그냥 3으로 두는 엉성한 일면도 보여주고 있다.

π의 값을 소수점 아래 10자리, 20자리, …까지 구해 나간다는 것은 이미 실용의 단계를 벗어나고 있다. 현대의 정밀 공업에서도 π값으로는 3.1416 정도면 충분하며, 그 이상 셈하는 것은 실용상으로는 거의 의미가 없다.

이러한 계산은 할 일이 없는 사람들의 보잘것없는 시간 보내기에 지나지 않는다고 핀잔 줄 수도 있지만 수학의 발전은 오직 알기 위해서 따져드는 호기심의 결과일 때가 아주 많으며, 그 과정에서 새로운 수학의 세계가 열리고, 과학에 영향을 준다.

원주율의 계산

수학에는 끈기가 필요하다.

베토벤은 자신의 음악이 99% 땀의 결정이며, 천재성이 발휘된 것은 1%에 지나지 않는다고 말했다지만, 수학도 역시 끈기를 겨루는 학문이라 할 수 있다. 온갖 수학상의 정리의 발견은 오로지 땀으로 이루어진 것들이다.

가령

26584559915698317446546926159953842176

이라는 수가 과연 완전수인지를 알아맞혀보라고 한다면 어떨까. 하루 이틀, 아니 몇 달 동안 식사도 거르고, 화장실도 출입하지 않고 줄곧 이것만 가지고 씨름한다 해도 답을 얻기가 쉽지 않을 것이다.

영국의 한 대학생 콜빈이 2의 제곱근을 소수점 아래 111자리까지 계산한 것은 1852년의 일이었고, 이것을 또 제임스 스틸이라는 학생은 거꾸로 제곱하는 검산을 하였으니 그야말로 놀라운 끈기이다.

잘 알다시피, 2의 제곱근과 같은 무리수는 소수점 아래로 아무리 계산해도 끝이 나지 않는다. 만일 어디에선가 끝난다면 그것은 무리

$$\frac{22}{7} = 3.\dot{1}4285\dot{7}$$

$$\frac{355}{113} = 3.\dot{1}41592920353\dots$$

$$\pi = 3.1415926535897932\dots$$

수가 아니고 유리수인 것이다.

어려운 이야기가 될지 모르지만, 원주율 π라든지, $\sqrt{2}$, $\sqrt{3}$ 등이 무리수라는 사실은 이미 증명되어 있으며, 실제로 그 값을 셈하는 공식도 발견되었다.

1873년, 영국의 샹크스라는 사람이 원주율의 값을 소수점 이하 707자리까지 셈하였다. 지금은 컴퓨터로 소수점 이하 약 1000조 자리까지 구했다고 한다. 하지만 여기에 멈추지 않고, 여전히 컴퓨터를 채찍질하며 계속 근사값의 자리수를 늘리는 데 애쓰고 있다고 한다. 오, 무한에 도전하는 인간의 끈기여!

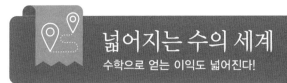

넓어지는 수의 세계

수학으로 얻는 이익도 넓어진다!

우리는 초등학교에서 처음 수를 배울 때 1, 2, 3, …, 9와 0에서 시작했다. 그 후 차츰 소수, 분수를 배우면서 수의 범위를 확장해 갔다. 이 순서는 인류가 수에 관한 지식을 쌓아올린 순서와 같다.

옛날에 수를 잘 몰랐던 원시인들은 1, 2, 3, 4, 5와 같은 간단한 수를 손가락이나 돌멩이를 사용하여 나타냈다. 그러면서 수사로서 하나, 둘, 셋, …을 알게 되었고, 그 후 점차로 수를 늘려감으로써 1, 2, 3, …, n으로까지 나타냈다.

1, 2, 3, …과 같은 자연수를 가지고 하는 덧셈과 곱셈의 결과는 역시 자연수이다. 이 자연수로 덧셈과 곱셈을 하여 나온 답은 그 수가 아무리 크다 해도 자연수이므로 그만큼 자연수는 넉넉한 수의 세계인 것이다.

그러나 뺄셈을 하면 그렇지 못하다. 가령 2에서 3을 빼면 1이 부족한데, 0에서 1만큼 부족한 수는 자연수의 집합에는 없다. 이때는 자연수만으로는 모자라므로 마이너스(−)의 수를 포함한 보다 큰 정수의 집합이 생긴다. 그리고 또 나눗셈을 하게 되면 분수를 포함한 유리수의 집합으로 확장된다.

사업을 확장하면 보다 많은 상품을 취급해야 하므로 큰 가게나 공장이 필요하다. 마찬가지로 수의 경우에서도 덧셈, 곱셈, 뺄셈, 나눗셈으로 확장하면 보다 많은 수의 세계가 열리며 많은 이점을 알게 된다.

사업을 늘려가는 사업주는 많은 이익을 얻어가는 대신 자금 조달을 걱정하게 되고, 많은 사람을 채용하게 되므로 작은 사업을 할 때보다 훨씬 머리를 써야 한다. 그러나 사업을 확장하는 재미에 비하면 오히려 머리를 쓰는 일은 즐겁기만 하다.

우리는 수를 확장하면서 복잡한 계산을 하게 되고 보다 어려운 문제를 접하게 되었다. 그러나 그를 통해 얻는 이점이 훨씬 많아지게 되었다.

수학은 많이 발달했고 앞으로도 계속 그 발달의 속도를 더해 갈 것이다. 여기서 등장하는 새로운 이익은 무엇일까? 생각만 해도 재미있고 신이 난다.

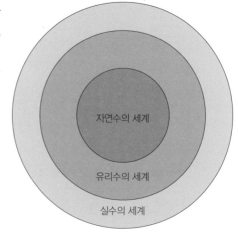